人物形象设计与
服装色彩创意研究

焦 珊 著

图书在版编目（CIP）数据

人物形象设计与服装色彩创意研究/焦珊著. --成都：成都电子科大出版社，2024.2
ISBN 978-7-5770-0923-0

Ⅰ.①人… Ⅱ.①焦… Ⅲ.①个人－形象－设计②服装色彩－设计 Ⅳ.①B834.3②TS941.11

中国国家版本馆 CIP 数据核字（2024）第 047731 号

书　　名	人物形象设计与服装色彩创意研究	
	RENWU XINGXIANG SHEJI YU FUZHUANG SECAI CHUANGYI YANJIU	
作　　者	焦　珊	
出版发行	电子科技大学出版社	
社　　址	成都建设北路二段四号	
邮政编码	610054	
印　　刷	电子科技大学印刷厂	
开　　本	787mm×1092mm　1/16	
印　　张	9.75	
字　　数	131 千字	
版　　次	2024 年 2 月第 1 版	
印　　次	2024 年 2 月第 1 次印刷	
书　　号	ISBN 978-7-5770-0923-0	
定　　价	49.00 元	

版权所有　翻印必究

前言

　　生活水平的提升在满足了人类物质生活的同时，也促进了人类精神追求的成长。现代服饰设计不再仅关注服饰的实用性，其审美性、艺术性与应需性的考量也成为设计的主要影响因素。对此，单就服饰色彩而言，科学的选色与人物形象的契合，可以保证服饰人物整体形象的科学设计。服饰设计是现代时尚艺术中的重要组成部分，其将色彩艺术、造型艺术及生活艺术巧妙地结合，从而打造了既具有审美性、艺术性，又能充分贯彻需求性的艺术作品。

　　在服饰设计领域中，色彩的应用是赋予服饰灵魂的关键所在，因此，将色彩运用于服饰设计中已然成为服饰设计的主流。服饰设计业界在定性色彩元素应用中普遍认为，色彩作为活化服饰设计审美性的重要组成，在契合人物形象的设计款式基础上，巧妙地运用迎合着装者特色的色彩元素，可增加服饰设计的灵动性，带给人们无尽幻想的同时，提升人物的整体形象。色彩元素的应用不仅能赋予人物整体形象以审美性，其对服饰造型的艺术性渲染也至关重要。当前，服饰色彩元素之所以应用在服饰设计之中，除源自于服饰设计追求的审美性与艺术性外，需求性的满足至关重要。作为服饰设计诞生的重要原因，满足社会大众的基本需求是服饰设计应达成的根本目标。对此，利用丰富的色彩，多元化的元素组合满足社会大众需求将是服饰设计运用色彩元素的根本。此外，根据场合的差异改变自身的造型，以不同的感官形象出现在大众面前也是人们的基本需求，利用色彩搭配服饰设计进行整体形象的变换将可实现人们改变气质形象的需求。

  本书主要研究人物形象设计与服装色彩创意，书中从人物形象设计概述入手，针对人物形象静态与动态的设计、色彩的基础理论、服装色彩设计的灵感与创意、服装元素上的相关设计、不同形象与风格的色彩设计、服饰创意与传统服饰文化的融合进行了分析研究，本书主题明确、结构合理、内容全面、富有创新，对人物形象设计与服装色彩创意的研究创新有一定的借鉴意义。

  本书在撰写过程中，作者参考了大量书刊与文献资料，主要参考书籍已在参考文献中列出，在此对参考引用的书刊文献作者表示衷心的感谢。由于作者水平所限，书中若有错误或不妥之处，恳请广大读者批评指正。

目录

第一章	人物形象设计概述	1
第一节	人物形象设计的概念及意义	1
第二节	人物形象设计的主要构成要素	10
第三节	人物形象设计的原则与风格	20

第二章	人物形象静态设计	27
第一节	着装风格技术与形象塑造	27
第二节	妆容配饰的造型与审美提升	40

第三章	人物形象动态设计	51
第一节	不同形体设计	51
第二节	举止形态与生活礼仪	57
第三节	语言表情训练	66

第四章	色彩的基础知识	71
第一节	色彩的形成与分类	71
第二节	色彩的基本属性	72
第三节	个人色彩理论	75

第五章	服装色彩设计的灵感与创意	85
第一节	学会观察与发挥想象	85
第二节	灵感来源	87

第三节　服装的流行色 …………………………………… 92

第六章　服装元素上的相关设计 ………………………………… 99
　　第一节　服装配饰艺术设计的美学规律 ………………… 99
　　第二节　服装配饰艺术设计的基本方法 ………………… 106

第七章　不同形象与风格的色彩设计 …………………………… 113
　　第一节　不同形象的色彩设计 …………………………… 113
　　第二节　不同风格的色彩设计 …………………………… 116
　　第三节　不同风格主题形象创意设计 …………………… 120

第八章　服饰创意与传统服饰文化的融合 ……………………… 131
　　第一节　中国服装设计的现代化 ………………………… 131
　　第二节　传统服饰文化对现代服装设计的影响 ………… 141

参考文献 …………………………………………………………… 149

第一章 人物形象设计概述

第一节 人物形象设计的概念及意义

一、形象设计定义

在当今人才竞争日益激烈的时代，个人形象已成为人才素质的重要组成部分，人人都需要形象设计。于是，大街小巷中，"形象设计中心""形象设计工作室""形象设计公司"这类的招牌如雨后春笋般涌现，形成一道亮丽的城市风景线。"形象设计"一时成为时髦名词，可以肯定地说，街边的洗头店不是形象设计，巷尾的裁缝店也不是形象设计，装饰豪华的美容院更不是形象设计。要了解真正的形象设计，就要正确认识什么是形象，理解什么是设计，因为形象设计是现代艺术设计的一部分。

（一）形象

"形象"为合成词，由"形"与"象"两个词构成。《荀子·天论》云："形具而神生。"《辞海》中对"形象"一词有两个解释：①指形体、形状、相貌。②指文学艺术区别于科学的一种反映现实的特殊手段。《现代汉语词典》解释为"能引起人的思想和情感活动的具体形状或姿态"。因此，形象的含义从广义上看是指人和物，包括社会的、自然的环境和景物；从狭义上看专指具体人的形体、相貌、气质、行为以及思想品德所构成的综合整体形象。通俗地讲就是一个人的相貌、体态、服饰、行为、风度、礼仪、品质、心灵、情操等可感知的视觉化综合表现,她无时不在诉说着每个人的审美情趣世界观、人生观、价值观,体现出每个人特有的风格。人们眼中美的形象总是从整体来判断的。如:"著我绣夹裙,事事四五通。足下蹑丝履,头上玳瑁光。腰若流纨素,耳著明月珰。指如削葱根,口如含朱丹。纤纤作细步,精妙世无双。"可见只有形、神、质的完美结合,形象才是美的。形象即社会公众对个体的整体印象和评价,形象是人的内在素质和外形表现的综合反映。

(二)设计

"设计"一词在《辞海》中的解释为:设置、筹划,根据一定的目的要求,预先制定出方案、图样等。《汉语大词典》解释"设计"这个词的含义说:"根据一定要求,对某项工作预先制定图样、方案。"这个解释说明设计的基础是美术,但设计又不是纯美术。纯美术作品是一次性完成的艺术,画家的造型表达出来了,也就完成了创作,而设计只是造型计划,即成品的蓝图,还要根据它进行施工,经过工艺流程,最后才能完成创作。设计是集体完成的作品,设计者只是第一位创作者,并不是作品的最终完成者,创意是设计的灵魂,其目的是运用不同的手段表现新的形象。形象设计也一样,一次完美的形象设计,往往是设计者带领发型师、化妆师、服装师等共同完成的。因此,发型设计、妆型设计、服饰设计、仪态塑造是形象设计的重要构成部分。

(三)形象设计

形象设计是研究人的外观与造型的视觉传达设计,是艺术与设计的交叉学科,又称形象塑造,它最早源于舞台中的人物造型设计,后来被时装表演界人士使用,用于时装表演前为模特设计发型、化妆、服饰的整体组合,随即发展成为特定消费者所做的相似性质的服务。人类在其艺术生活中创造了舞台表演的艺术形式,其中对表演者进行符合角色外表的设计已成为舞台表演中不可缺少的一个重要环节;在银幕和屏幕中光彩照人的形象也都是通过形象设计手段创造出来的。早期优秀的形象设计师是服装设计师,这是因为在人的外观和造型中,服饰占据了大部分的比例。在现实生活中,随着社会经济、文化的发展和人类审美水平的不断提高，形象设计已从一种艺术创造手段演变为人们的一种生活模式，并发展成一种新的文化形态。由此来看，形象设计不仅丰富美化了人们的日常生活，更扩展了艺术创造的空间。

从职业性质角度分析，形象设计师与化妆师、美容师之间的关系为三者既有联系又有区别。其共同点为都是以"人"作为其服务对象，以改变"人的外在形象"为最终目的。主要区别在于美容师的主要工作是对人的面部及身体皮肤进行美化，主要工作方式是护理、保养；化妆师的主要工作是对影视、演员和普通顾客的头面部等身体局部进行化妆，主要工作方式为局部造型、色彩设计；形象设计师的主要工作是按照一定的目的，对人物、化妆、发型、服饰、礼仪、体态以及环境等众多因素进行整体组合，主要工作方式为综合设计。从社会历史发展过程分析，人类对自身形象的美化，最早出现的是"化妆"，人们通过在人体上描绘、涂抹各种颜色及图案达到一种特殊的视觉美感或其他的目的。随后，"服饰""美发""美容""美甲"等逐渐加入进来，使与美化人体形象相关的社会职业分工越来越细化。形象设计师则是这一组合中的最高层次，是整个人体形象美化工程的先导环节，也可以说是各相关职业的整合。

形象设计不仅是一个整体的观念，而且是一个系统工程，不仅仅指对人的外形包装，它更强调内外一致，"内"是指一个人内在的气质、美好的心灵、优良的品质、丰富的知识、高雅的品位、一定的艺术修养。"外"是指运用专业技巧，使一个人的外在形象与其年龄、身材、性格、环境等各方面相协调。形象设计就是要完成从外形到神态、谈吐及行为举止的全方位塑造。一个人的形象设计成功与否，在于其如何使自身的人格理想、精神境界得到完美地展现，所以形象设计要充分考虑人物的职业、气质、环境等诸多因素，缺一不可。

综上所述，形象设计是运用视觉元素塑造人的外观，并通过视觉冲击形成视觉优选，从而引起心理美感和判断的综合性视觉传达设计，是将美学、美容、化妆、美发、美体、美甲、服饰装扮、体态语等综合于一体，运用造型艺术手段，通过美容化妆、发型、服装服饰、言谈举止等综合塑造，设计出符合人物身份、修养、职业、年龄的个性形象，是对一个人由内到外的全方位塑造，以达到人物内在素质与外在形象的完美结合。

二、形象设计的特点

形象设计是运用视觉元素进行塑造，并通过视觉冲击造成视觉优选，从而引起心理美感和判断的一种综合性视觉传达设计。因此，它的特点离不开视觉元素的特点。

(一) 形象设计的直观性

从视觉的角度来看，形象设计的特点首先体现在直观性上。形象设计是视觉艺术，它是一种形象呈现。五彩斑斓的大千世界，只有通过人们的眼睛才能形成印象，在这个过程中，视觉信息传达的唯一渠道便是眼睛。因此，只有眼睛能够见到的东西，才能被设计进而感知。现代科学研究证明，在全部送到人脑的信息中，87%是由眼睛传送，9%经由耳朵传送，4%由其他器官传送。实验证明：在同一单位时间之内，眼睛接收的信息量为耳朵接收信息量的30倍。用眼睛直观地接收外来信息既是人类接触和感知世界的主要手段，也是形象设计的一个重要特征。正是形象设计这个直观性特点，必须求形象设计定位后，该形象是相对稳定的。

(二) 形象设计的表象性

形象设计只能提供给欣赏者一个形象，要想把握这个形象，就只好依赖于表象。表象性是形象设计的又一特点，表象是一种视觉和心灵的感受。形象设计中表形象的意义就在于通过发型、妆型、服饰、体态等表象的事物反映这个形象内在的东西。形象设计的审美，一方面在于它与人的自然形体融为一体，表现人的外在美；另一方面它与人的气质、性格、思想、爱好等相适应，表现人的内在美，当服饰、体态、气质三者和谐统一时，形象设计才是成功的。

(三) 形象设计的兼容性

形象设计的兼容性是有目共睹的，它是艺术与技术相结合的新兴设计学科，在现代社会里，形象设计不仅仅是做个发型、化个妆、穿件衣服的事。它是集美学、色彩学、生理学、物理学、化学、艺术学、心理学、体态语言学、造型设计，乃至交际礼仪、文化修养等多门学科为一体的综合性实用学科。近些年来，电脑这一高科技的产物也与形象设计联姻，街头巷尾经常可以看到的电脑形象设计已经成为一道城市新兴的亮丽风景线。

(四) 形象设计的具象性

构成形象设计的四大支柱——发型、妆型、服型、仪态，它们无一不是具象的。因此，具象性也是形象设计的一个特点，视觉具象性的意义体现在它给形象设计提供了典型的细节。具象的细节可"借一斑略知全豹，以一目尽传精神"，展现生活中深层的奥秘，反映事物的本质是构成形象的基本元素和必要条件。

(五) 形象设计的个性化

自然界的美，无一不是通过独特的个性表现出来的。人也一样，个性使一个人成其为自身，是一个人最能令他人印象深刻的东西。因此，个性化是形象设计的最高境界。形象设计就是调动一个人所有与形象有关的因素，进行组合与搭配，从而形成一种风格。形象设计不是雪中送炭，而是锦上添花。重要的是从心理的角度找到最适合个性的包装，从环境限制的范围找到最适合个性的定位。每个设计师在做形象设计的时候，都应该注意到形象设计是人工的产物，而人的身体则是无法改变的。某些缺点也许就是个性的体现，有些需要掩饰，有些则需要衬托，这正是形象设计的本质。

三、形象设计的意义

形象设计是通过对主体原有的不完善形象进行改造或重新构建达到有利于主体的目的。虽然这种改造或重建工作可以在较短的时间内完成,但是客观环境对于主体的新形象的确认则有一个较长的过程。

形象设计是人类文明的重要标志之一,个人形象设计随着人们精神需求和审美要求而不断攀高,需要设计师与时俱进。人的审美进程由最初对人的第一特性的崇拜发展到对人的第二特征的欣赏,随着人类精神生活质量的提高,又注重人的第三特性的追求,对气质和品位的追求,这种追求尤其表现在现代人的审美观上。个人形象设计的本质是对个人形象的完善和提升,帮助个人提高自信、追求品位、认识自我,而不同于文学艺术形象的塑造,这是社会物质文明和精神文明高度发展的需要和必然结果。

通常所说的形象设计主要是针对人或物的外表进行包装和塑造。形象设计主要包括个人形象、群体形象和以人为核心的外在景观。就个人来说,它体现着一个人的文化素质和生活态度;对于公司企业来说,它标志着一个企业的兴衰成败;对于一个城市来说,它还会影响到其经济文化的发展速度。因此,形象设计不仅个体意义重大,社会意义也不容忽视。当今小到公司企业,大到城市国家,都已经兴起一股形象包装的热潮。

(一)形象设计能给人带来自豪感和主观幸福感

形象设计的过程是人的本质力量对象化的过程,是人将自己的物质力量和精神力量物化于对象(有时是自身,或结果是自身)的过程,单以个人形象设计来说,设计师通过对个人进行包装和塑造后所呈现的整体效果主要包括人的内在形象设计,如品质、个性、气质、能力以及人的外在形象设计,如仪容、仪表、仪态、言谈等,是综合个人的职业、性格、气质、年龄、体型、脸型、肤色、发质等因素,对一个人全方位多维度地进行美化,通过仪容、仪表、仪态以及礼仪规范的完美结合,呈现一个人在社会群体体系中特定的地位、身份等,也就是其存在的社会环境中所充当的角色。在生活中,人们往往通过一个人的形象判断其年龄、身份、性格等,并予以相应的交往与沟通方式。正如人们常说的"7/38/55"定律:对于一个人的认知,有7%是通过语言,有38%是通过肢体动作，而另外的55％则是依据外表装扮。人的自由感、快乐感、幸福感既来自主体以外的对象世界，更来自主体自身，所设计的形象得到他人、社会的认同，就会在人的内心产生一种自豪感和主观幸福感。

(二) 具有审美价值的形象设计能引起人们的感官快感和心灵喜悦

形象设计与形象审美是对立统一的两个方面，即授者与受者的对立统一。当所设计的形象符合受者的审美需求，并与之相统一时，就会引起受者的形象审美愉悦。这种审美感受广泛存在于人们生活的各个方面，个人的形象主要表现在发型、化妆、服饰及仪态等方面，因为个人的形象是千差万别的，受个人的生理性和社会性的差异以及环境的变化等条件所制约，决定了形象设计需以生理性和社会性相结合，把握动态的多样性原则，并合乎一般审美原则。生理性表现在人的自然本色，要扬长避短，做到形象要合体；社会性表现在人的社会活动范围，做好角色变换，形象要合适；动态性表现在环境的变化，形象要与之和谐。

(三) 塑造良好的形象能获得更多的发展机遇和发展空间

当今社会已进入信息时代，人才竞争越来越激烈，要想在激烈的竞争中赢得一席之地，必须掌握正确的竞争手段，提高自身竞争能力，而形象设计原则是竞争手段中不可忽视的重要部分。人的存在是生物性的，更是社会性的，人的成长过程也就是其与社会不断靠近，社会关系不断扩展、丰富、创新的过程。从家庭关系到工作关系，再到其他一些社会关系，这些关系的维持都是通过个人的形象作为交往的"凭证""符号"，让他人接受认同。在现代社会，具有良好形象的人可以获得他人、社会的信任和支持，更容易取得成功。个人形象就像个人职业生涯乐章上的跳跃音符，合着主旋律会给人们创意的惊奇和美好的感觉。一个人良好的形象，不光是把自己打扮得多么美丽、英俊，最主要的是做到自身发型服饰、气质、言谈举止与职业、场合、地位以及性格相吻合。形象设计的目的是辅助事业的发展，展示给人们自身的力量和成功的潜力。这一点与企业CI（企业识别系统）设计十分相似，都是为了长远未来的发展。在今天这个飞速发展的高科技时代，人们有机会通过电视等媒体接触世界,"形象"变得比任何时期都重要。

形象设计的最高境界为自然,最高标准为形神兼备,最终目的为满足社会与人的精神需求。随着经济的繁荣、社会的进步,人们对个人形象设计的审美也随之发生变化,对形象设计的要求呈现多元化。随着形象设计事业的发展,一个民族性与国际性相融的生动局面将随之逐渐形成,展现在人们眼前的将是一个无比美丽的世界。

四、形象设计的作用

树立良好的个人形象对于现代人具有特别重要的作用,良好的个人形象不仅对事业的发展与人际关系的发展有促进作用,而且能提高人们的生活品质,能提升个人的综合素质。从社会功能来讲,个人形象有识别、归类、吸引等作用。个人形象涵盖面的扩大必将与个人成功越来越密切。

(一)识别作用

形象是一个人在社会上所获得的他人的评价和印象,是一个人外表与内在结合的、在流动中留下的印象,是外界对人们的印象和评价的总和。形象的内容宽广而丰富,它包括人们的穿着、言行、举止、修养、生活方式、知识层次、家庭出身等。

(二)归类作用

在人际交往中,一般人通常根据最初印象而将他人加以归类,然后再从这一类别系统中对这个人加以推论并作出判断。人与人之间的相互交往、人际关系的建立往往是根据对别人的印象所形成的论断。良好的形象往往能够为自己加分,人们总有这样一种感觉,对某个人印象好的时候,就会对他评价高并且今后会再次与他合作。一个人的形象是一个人的"名片",对自己走向成功能起到极大地推动作用。对于那些追求成功的人,创立一个可信任的、有竞争力、积极向上、有时代感的形象,无论其在什么群体中都能获取公众的信任,从而脱颖而出。

(三) 吸引作用

形象吸引力是一个人与他人交往过程中将对方注意力引到自己身上的一种心理影响力，即吸引人，引起别人的注意。它是人与人之间在认知、情感、品格等方面表现出来的一种亲近现象。说到形象对人产生的吸引，人们很容易联想到"以貌取人"。从实质上讲，人的外貌与人的学识水平、文化修养、才能品格并不存在必然的联系，然而作为具有社会属性的人，经过人类文化的熏陶，总是具有一定的审美能力，那些长相俊俏、衣着讲究、气度高雅的人总给人以愉悦之感。

从个人的角度来讲，形象设计还具有增加美感、增加生命活力的作用，能立刻唤起人们内在沉积的优良品质，通过人们的穿着、微笑、目光接触、握手等行为，让人们恰到好处地展示出高雅的气质和优雅的风度。

五、形象设计的范畴

形象设计是现代设计的一部分。现代设计的领域很宽广，凡是要经过工艺制作过程的造型或通过第三者体现构思的都可以称之为设计。一般来说，不同时代对设计的理解侧重点不一样。由包豪斯继承而来的现代主义设计，重视设计观念的功能化和理性化。现代科技的发展，特别是在光学、医学、生理学、心理学等几大领域中的进步，使人们对设计有了更深刻的认识。所谓设计指的是一种计划、规划、设想，将问题的解决方法通过视觉的方式传达出来的活动过程，突出视觉传达在设计中的关键作用，人们把这种物质世界通过视觉在心理上产生作用的设计程序称为"视觉传达设计"。

视觉传达设计是艺术与技术的统一，它的本质是人们对世界感知的视觉信息传达过程。形象设计正是运用视觉元素的设计手段，通过人的视觉冲击力造成视觉优选，从而引起心理美感与判断的视觉信息传达过程。可以断定，形象设计是一种视觉传达设计。视觉元素（形态、色彩、光线、肌理）也就是形象设计元素。形象设计是涉及艺术和技术，如美学、化妆、服装、生理、医学、物理、化学、体态语言等多门学科的一门边缘性学科。从形象设计的整个流程来看，要经历两个环节：平面设计创意与立体设计实施。在这个过程中，还可以根据需要任意转换时空，如少变老、女变男等。因此，形象设计显然属于综合设计范畴。

第二节 人物形象设计的主要构成要素

一、形象设计的形态元素

形态要素是进行形象设计的基本元素，它主要包括点、线、面、体。设计师就是通过点、线、面、体所构成的具象或抽象的、平面或立体的各种形态要素，有机地结合在一起构成一个完整的形象。

设计师在形象设计中运用点、线、面进行构思、设计，要形成整体想象力，应了解点、线、面、体的要素特征。

（一）点

1. 点的意义

点是没有长短、宽度和深度的、零次元、非物质的存在，具有最小极限的性格，虽然有位置，但没有大小，产生于线的界限、端点和交叉处。一个点就是一种强调其成为注视的存在；两个点时，点和点之间就产生视线诱导。

2. 点的形状及表现效果

点可归纳为两类：一是几何形的点，如正方形、三角形、圆形等给人以规则、整齐、清晰、明快的印象；二是任意形的点，形态不规则、边线不整齐，给人以活泼、随意、轻松、愉快的感受。

3. 点在形象中的作用

点是非常小的东西，也是最单纯、最简单的形态，它是靠周围的其他因素对比产生的。形象中的点能够丰富外观造型，起到画龙点睛的作用。它们既可自然随意，也可秩序井然，要么生动明朗，要么整齐规范。

4．点在形象设计中的应用

形象设计中的点是指外形较细小的形态，如纽扣、项链、胸针、面饰、发饰、耳饰以及服装面料图案中涉及点的形态，一个点可以使视线集中，起到吸引的作用；两点时可产生方向感，或横列、竖列、斜列等点与点之间暗示出线的流动；众多的点排列时可产生明显的方向性，垂直排列有下坠的节奏感，散点排列有面积感和扩张感，大小不同的点组合时，又可产生空间感和立体感：大型的点显得活跃有力，小型的点显得软弱无力。

（二）线

1．线的意义

线和点一样，是不可视的形态，是没有面积，没有长度、宽度和深度的一次元的存在。线存在于点的移动轨迹、面的界限、面的交叉和面被切开的切口处。虽然线没有长度和宽度，但在作为可视形态表现时，其宽度必须短于长度。线和面的辨别与点和面的辨别一样，是相对的。

2．线的种类及表现效果

线可分为简洁轻快的直线和流畅迂回的曲线。

（1）直线

直线具有硬直、单纯、男性的形象。粗直线给人一种坚强的、纯的、重的感觉，细直线则有弱的、神经质的、敏锐的感觉。直线可分为水平线、垂直线、斜线三种形态。

①垂直线能给人单纯、清晰、线条、刚直、向上感，显得严肃理性，有强调高度的作用，在形象设计中常借助垂直线分割弥补矮胖体形的缺陷。

②水平线能给人静的、限制的、被动的感觉，具有广阔的性格。用于肩部给人以开朗、大度之感，用于腰部的水平线具有收拢效果。

③斜线能给人活动的、不安定的、刺激性的感觉，具有垂直线和水平线所没有的自由和活动的性格，可以构成各种角度，不同的角度所产

生的效果也不相同,接近垂直线会增加高度,接近水平线会增加宽度。用斜线装饰,形象造型可显得生动、活泼、苗条、潇洒。

(2) 曲线

曲线的种类很多,可以形成圆、半圆、弧线、波形线、螺旋线等,具有温和、女性化、优美、温暖、富有立体感等特性。适合表现女性柔和、圆润的阴柔之美,给人以自由舒畅、优美轻盈的韵律感。

3. 线在形象中的作用

线是表达能力最强、变化最丰富的一种要素,人们看一样东西美不美,主要是看它的外形线美不美。线条在形象中的作用关系到设计的整体效果,它既能改变形象的风格,也能直接影响形象美感的效果。形象中线条的运用会创造出千变万化的造型,线条的长短、粗细,线质的软硬、曲直都具有不同的表现力,优美的、坚硬的、粗涩的、精细的,无不赋予线一种性格,因此,它是一种表达丰富感情的语言。

4. 线在形象设计中的应用

在形象设计中,线条具有迷人的魅力,不少形象设计都倾向于表现线条的各种变化,追求展示现代形象的气息,如头饰、发型、化妆、服饰、服装等都常应用线的形态。线与线的组合可以产生节律感;等距离的机械排列给人以节律感;不等距的反复组合又给人以欢快活跃的韵律感;线的相互交叉产生整齐理性的格律感;不同方向排列的线,可以改变原始线的特性,而产生一种错视效果;平行排列的线具有扩张宽度和强调高度的作用;平淡的形象可以借助线增添风采。

(三) 面

1. 面的意义

面是扩大的点、加宽的线、线的运动轨迹等,是立体的界限,是有边的上下左右有一定广度的二次空间。面切开就会产生新的面,点的密集、线的密集度增大时也会形成面,面有长度和宽度而无深度或厚度,它是体的表面,界定着体的形状和大小。

2. 面的种类及表现效果

面的形态可以分为几何形和有机形。

（1）几何形的面

几何形的面是由方形、角形、圆形等规则的几何图形组成的。

①方形包括正方形和长方形，具有端庄、严肃、简洁、大方、朴实的特点。因人们在生活中对直角的特殊感受，通常给人稳固、坚定、不易改变的心理效应，适于表现厚重、有力、固执等概念。

②角形包括正三角形和倒三角形，具有向空间挑战的动态个性，表现出激烈扩张的感觉，由于特有的稳固结构和尖锐突出的形状，给人以紧张感，带有较强的不安定性和刺激性，垂直的等腰三角形、等边三角形则有稳固、坚实、不可撼动的感觉。

③圆形包括正圆和椭圆，具有柔软性、数理性、秩序性和明快、自由、整齐的审美意味，给人以充实、圆满、活泼的感觉，正圆形的中心对称性使其柔和中见沉稳，在圆形中截取的任何一部分即是弧形，弧形比圆形更具有运动感与速度感。

（2）有机形的面

有机形的面是由曲线、直线围成的复杂的面，其个性复杂，同一形态可因观察环境和观察主体的主观心态的不同而产生理解上的变化，曲线围成的面给人以淳朴、秩序性和富于人情味的美感，直线围成的面多以斜线构成，缺少安定感，但又能产生动感。有机性融入了圆、方、角等多种因素，可表现较为复杂的情绪。

3. 面在形象中的作用

面在形象中的作用即面在形象中既是主体，也是最强烈和最具量感的要素，面的边缘线不同，决定了不同形状的面。形象设计就是形和色的设计，形的变化最能使人感到新鲜，它的变化对形象的变化起着决定性的作用，设计者也总是先从形入手进行设计。

4. 面在形象设计中的运用

形象设计中的面突出表现在改善体形以及构成发型、服型变化的外形线和服型、妆型的块面分割上。

①改善体形，就需要针对体形进行选择，如高挑身材的人选择长方形和倒三角形；矮小身材选择正方形和正三角形；身材较好的人选择曲线形外形。总之，设计的目的是要善于利用外形表现和美化人体。

②构成发型、服型变化的外形线，发型、服型的外形线既是造型的基础，也是时代风貌的体现，人们常将发型、服型的各部位视为几个大的面或区，将其按比例、有变化地组合起来，构成发型、服型的大轮廓。

③服型、妆型的块面经分割后，所构成的不同比例关系，能给人以不同的感受。如上衣与下裙之间要有什么长度比例才好看，脸型五官如何相配才适宜，几种色彩组合时每种色彩应占多大面积等，不同的分割，效果也各不相同，只有合理地进行分割才能呈现出和谐的比例美。

（四）体

1. 体的意义

体由面与面的组合而构成，是有长度、宽度和体积的多平面、多角度的立体形，具有占据空间的作用，最基本的立体形态有球体、圆锥体、正六面体、圆柱体、三棱锥体、棱柱体等。不同形态的体具有不同的个性，同时从不同的角度观察，体也会表现出不同的视觉形态。

2. 体在形象中的作用

形象中体所表现的是一种量感，通过线的多种组合变化和面的形状大小，可以组成多种形态的体，厚重的体有坚实之感，轻薄的体有飘逸之感，细长的体有坚硬、挺拔之感，圆形的体有不稳定的动感，多边的体则使人感到生动活泼。

3. 体在形象设计中的体现

体是自始至终贯穿于形象设计中的基础要素，因为人体就是立体的形态，而且始终处于运动状态，人体是一个极为复杂的多面体，而且个体差异性极大，同时也是发型、服型的载体。因此，形象设计师的设计只有建立在对人体的理性和感性认知之上，才能设计出符合人体形态以及人体运动变化需要的形象,并通过对体的创意性设计使形象别具风格。

二、形象设计的色彩元素

(一) 色彩的概念

五光十色、绚丽缤纷的大千世界里,色彩使宇宙万物显得生机勃勃,色彩作为一种最普遍的审美形式,存在于人们日常生活的各个方面。因此,色彩是与人的感觉(外界的刺激)和人的知觉(记忆、联想、对比等)联系在一起的。

光源、彩色物体、眼睛和大脑是人们色彩感觉形成的四大要素,这四个要素不仅使人产生色彩感觉,而且也是人能正确判断色彩的条件。

光源的辐射能和物体的反射是属于物理学范畴,而大脑和眼睛却是生理学研究的内容,但是色彩永远是以物理学为基础的,而色彩感觉总包含着色彩的心理和生理作用的反映,使人产生一系列的对比与联想。

颜色是除了空间的和时间的不均匀性以外的光的一种特性,即光的辐射能刺激视网膜而引起观察者通过视觉而获得的景象。在我国国家标准中,颜色的定义为色是光作用于人眼引起除形象以外的视觉特性。根据这一定义,色是一种物理刺激作用于人眼的视觉特性,而人的视觉特性是受大脑支配的,也是一种心理反应。所以,色彩感觉不仅与物体本来的颜色特性有关,而且还受时间、空间、外表状态以及该物体的周围环境的影响,同时还受个人的经历、记忆力、看法和视觉灵敏度等各种因素的影响。

色彩是不同波长的可见光引起人眼不同的颜色感觉,是一种物理光学现象。

(二) 色彩搭配的形式原则

色彩搭配所遵循的形式原则有调和与对比两种。

1. 调和的原则

调和的原则即色彩之间原本相异的关系,运用搭配调和的原则,找出它们之间内在有规律、有秩序的相互关系，通过在面积大小、位置不同、材质差异等方面的搭配，在视觉上，其突出的特点是单纯、和谐、色调统一，在单纯中寻求色彩的丰富变化，在和谐中求得色彩的明暗，产生平衡、愉悦的美感。调和原则的色彩搭配主要有同一调和、类似调和与对比调和三种形式。

①同一调和的配色方法最为简单、最易于统一，就是在色彩、明度、纯度三种属性上具有共同的因素，在同一因素色彩间搭配出调和的效果，同一调和分为单性统一和双性统一两种。

②类似调和与同一调和相比有微妙变化，就是色相、明度、纯度三者处于某种近似状态的色彩组合，色彩之间属性差别小，但非常丰富。类似调和分为单性类似和双性类似两种。

③对比调和就是选用对比色或明度、纯度差别较大的色彩组合形成的调和。对比调和采用的方法有以下几种：利用面积对比达到调和；降低对比色的彩度达到调和；隔离对比色达到调和；明度对比调和；彩度对比调和。

2. 对比的原则

对比的原则即色彩之间的比较，是两种或两种以上的色彩之间产生的差别现象。对比原则的色彩搭配主要有色相对比、明度对比、纯度对比和边缘对比四种形式。

①色相对比就是因色相的差别而形成的对比现象，分为同种色相对比、类似色相对比、中差色相对比和对比色相对比四种。

②明度对比就是因色彩明度的差异而形成的对比现象，共有高长调、高中调、高短调、中长调、中中调、中短调、低长调、低中调、低短调等九种不同的色调基调。

③纯度对比就是因色彩纯度的差异而形成的对比现象。其与明度相同，也有高长调、高中调、高短调、中长调、中中调、中短调、低长调、低中调、低短调九种不同的色调基调。

④边缘对比现象表现在色彩的纵横交叉线上，以黑与白为例，在交

叉线点附近会呈现出来淡灰色影像，而其余的白色部分看起来更白、更亮。

三、形象设计的光线元素

（一）光的基本性质和视觉传达

光是电池辐射（科学名词）的一种，除了偶尔会给人们带来被太阳晒伤的情况外，通常是不会构成伤害的辐射。光是人们人眼可直接观察到的，也是形成美丽彩虹的来源。光波是电磁波中的一个很小的范围。一般情况下认为能被人眼所感受到的电磁波段为380nm～780nm的狭小范围，这个波段内的电磁波称为可见光。颜色与可见光的波长对应关系如下：紫为380nm～430nm、蓝为430nm～470nm、青为470nm～500nm、绿为500nm～570nm、黄为570nm～590nm、橙为590nm～610nm、红为610nm～780nm，形象设计就是研究人眼所感受到的电磁波段为380nm～780nm的可见光。

在视觉传达设计中，光影是一种强有力的信息传达手段，能够促进主体观念表达，产生特殊的视觉效果。设计师利用光影关系进行形象设计，通过光影造型，令不同角度、维度空间和形象的人在简洁中透出丰富，产生全新的视觉体验。

（二）光的造型

光是表现立体感的关键，光对形象设计的表现力起着关键的作用。形象设计的一个重要内容就是如何表现立体型的"人"，因此，只有调动光的造型手段，才能真实而突出地再现物体的形态特征，把物体的立体感淋漓尽致地呈现出来。光线对形象设计表现有着极其重要的意义，形象设计师应该对造型光的类别和作用有一个全面地了解，从而更好地完成形象设计，尤其是影视人物的形象设计。根据光线在造型中的不同作用，这里把造型光分为主光、辅助光、环境光、轮廓光、眼神光、修饰光等。

1. 主光

主光又被称为塑形光,是刻画人物和表现环境的主要光线。不管其方向如何,应在各种光线中占统治地位,是最引人注目的光线,主光处理得好坏直接影响到设计对象的立体形态和轮廓特征的表现。

2. 辅助光

辅助光又被称为副光,是用以补充主光照明的光线。辅助光一般多是无阴影的软光,用以减弱主光生硬粗糙的阴影,降低受光面和背光面的反差,提高造型表现力,主光和辅助光的光比决定了设计对象的影调反差。

3. 环境光

环境光又被称为背景光,是指专用以照明背景和环境的光线。环境光主要是通过环境光线所构成的背景光影与设计对象形成某种映衬和对比,达到突出主体的目的。环境光除烘托设计对象外,还有表现特定环境、时间或造成某种特殊气氛的作用。

4. 轮廓光

轮廓光是使设计对象产生明亮边缘的光线。其主要任务是勾画和突出设计对象富有表现力的轮廓形式,由于轮廓光是从设计对象背后或侧后方向照射过来的,因此具有逆光的光线效果,轮廓光具有较强的装饰性和美化效果。

5. 眼神光

眼神光是使主体人物眼球上产生光斑的光线。它能使人物目光炯炯有神、明亮而又活跃。眼神光主要在人物的近景和特写景别中才会产生明显的效果,而在大景别画面中则难以引人注意。

6. 修饰光

修饰光是指用以修饰设计对象某一细部的光线。当主光、辅助光和照度等确定之后,在布光仍不理想的地方,用适当光线予以修饰,修饰光可以使设计对象整体形象更加悦目,局部形象更显特点,更富有造型表现力。

（三）光量

光量就是光的视觉容纳量，对人们的生活和工作有直接的影响。因此，在形象设计中，合理掌握光量是不可缺少的一个环节，光量主要表现在视觉信息量和视觉适应性两个方面。

1. 视觉信息量

在一定时间单位内视觉所容纳的信息量称为视觉信息量。信息量是构成图像传播的一个过程，即注意的基础，任何视觉传播必须以接受者的注意为前提，视觉信息的信息量与注意程度成正比，高信息量的视觉符号会比低信息量的视觉符号更容易引起人们的注意，低概率的视觉形象比高概率的视觉形象更容易引起人们的关注。实践发现，达到注意的前提是呈现出一种相对的状态，在一片红色的图案中，绿色的图案首先会引起人们的注意。

在一系列的曲线中，一条直线会格外引人注意。通常来说，新奇性是信息量大小的标志，它往往与接受者的关注程度成正比。

当人们面对平面上一些静止的物体时，会在它们之间平分其注意力，如果其中一个物体突然动起来，所有的注意力在 1/5s 后都将转向它。人的正常视觉容量约为每秒 25 比特，即大约每秒 4 个汉字，每分钟约 240 个汉字。

在人的所有感官中，唯有视觉和听觉是认识性的感官，也许正是这个原因，人们把握世界的方式是听觉，抑或视听同时运用。科学实验表明：视觉获取的信息量占人类获取信息总量的 70%，听觉占 20% 左右，其他感觉器官的获取量仅占 10%，视觉在整个感觉器官中显然居于主导和基础地位。这不仅因为视觉的感受和方式是人衡量现有生存环境，寻找新的生存环境的主要标准和最有效、最便捷的途径，而且人类一切有目的的触觉、听觉、嗅觉、味觉等感觉经验的获得都是在视觉的指引下进行的。

2. 视觉适应性

人眼通过自身的适应性调节，摄取视觉空间的信息及其变化状态。

人从很暗的地方走到太阳下，会觉得特别刺眼，相反，人从很亮的地方走进比较暗的地方时，便会看不到任何东西，这就是明暗条件变化下的眼（视觉）适应。亮适应（即由暗到亮变化）时，几秒钟就能分辨出景象的明暗和颜色，其过程约在3min内达到稳定。暗适应（即由亮到暗处）时，几分钟才能分辨景象，约45min才稳定，过程要长些。

人在户外，光线比较充足，此时曝光度较小，限制了进入眼睛的光线，当进入光线减弱的地方后，由于小曝光度不能一下子变大，因此短时间内能进入眼睛的光线急剧减少，觉得环境过分昏暗，但并不能认为暗处没有光线，即使看起来很暗的地方，光线量还是相当可观的，等到眼睛的曝光度适应过来后，此时曝光度应该变大了，因此眼睛接收到了更多的光线，环境看起来就不那么昏暗了。

有人说眼睛就像是照相机，它能控制光，能将光聚焦，能成像，事实上眼睛只是高度精细的视觉系统处理过程的一个开始。

人的眼睛有很强的适应性，主观感受总是趋于把图像对比度拉大的趋势，比如说，周围都是白色的时候，中间一个灰点就显得特别黑。相同亮度的一块灰斑，中间如果放个黑点，灰斑看上去又变得更白了。

第三节　人物形象设计的原则与风格

一、人物形象设计的基本原则

（一）TPO原则

人们往往通过对个体外在形象的判断决定对其采取接纳、欣赏、认同或排斥、反感、厌恶的不同态度。所以，当人们在一个特定时间里，由于一个特定的事由或需要，出现在一个特定的地点或场合时，就应该找到最适合自己的形象装扮，这就是人物形象设计的TPO原则。TPO原则原本是用于服装设计和饰物选择的一个通用原则，目前，TPO原则已扩充到整体形象设计领域，成为该领域里的一个黄金法则。即

TPO原则不仅仍继续适用于服装、饰物的选择，还被广泛用于发式设计、化妆设计及其整体形象设计中的一切行为，甚至包括社交礼仪、气质风度等方面。TPO三个字母分别代表Time（时间、时节）、Place（场合、环境）、Object（对象、目标），它的含义是要求人们在进行形象设计与塑造时，应力求使自己的妆容、服装、发式等与出现的时间、地点、目的协调一致。

1. Time（时间、时节）与形象设计

"Time"代表时光、时期、季节、时代等时间概念。不同的时代与时节，人们对于化妆、发式、服装等形象设计的审美要求是不尽相同的。现代的人们讲求时尚，尤其是在发式、化妆、服装款式、色彩等方面更具有追逐潮流的特点。如在发型上，有春夏季发型、秋冬季发型，妆容也有日妆与晚妆的差异。每个时代都有当时流行的服装款式，过了这个时期，再穿着之前流行的款式就会被视为是过时的装扮。色彩也一样，色彩除了受到个体接受和喜爱因素的影响外，还取决于时间性与季节性。不同的季节、气候，不同的时间都应选择不同的色彩。如冬季本身色彩单调，服装的色彩趋于深暗，这时候化妆的基调应表现皮肤白皙的柔美质感及口红红润的色彩感等。所以在寒冷的冬天，人们更偏爱暖色调的服装和化妆色彩，可以给人温暖的视觉感受。而在炎热的夏天，为了追求凉爽，人们更倾向于选择冷色系的服装与化妆色彩。自然界的光线无时无刻不在发生变化，所以人们的发式、服饰、化妆等形象设计单元同样应随时间、季节、时令、时代等因素而变化。

2. Place（场合、环境）与形象设计

"Place"代表地点、位置、场合等空间概念。人在生活中经常会处于不同的环境与场合，如置身在室内或室外，驻足于闹市或乡村，身处于工作场所或家中。在这些不同的地点与场合，人物形象设计就应与当时的场合相适应。形象设计中要考虑到不同场所中人们着装的适宜度以及一定场合中礼仪与习俗的要求。不同的自然环境与人工环境、不同的光源（自然光和人工光，或两者相杂）、不同的人际环境都应有不同的

形象设计对策。只有整体形象设计与周围的环境相匹配，才能达到和谐的状态。所以形象设计中首先要考虑到所处环境的风格、色调，除了化妆、发式、服饰上的讲究，还有言谈举止、气质风度等全方位的考量。

3. Object（对象、目标）与形象设计

"Object"代表形象设计的对象及为其进行设计的目的。人们在进行整体形象设计时往往能够表达一定的意愿，即形象设计要适应自己所扮演的社会角色，又要帮助自己成为某个理想中的人物。如一个人身着庄重的职业装前去应聘新职、洽谈生意，说明他对自己的身份有深刻的认识，这种态度与敬业精神是有助于其获得成功的。人是整体形象设计的中心，形象设计的目的就是美化、完善个体。在进行形象设计前，要对人的各种因素进行分析、归类，如对象的年龄、性格、修养、喜好、风格等。根据不同职业、不同的个人需求与目标，形象设计的塑造手段和方法也不同，这些都要具体问题具体分析。

（二）其他指导原则

人物形象设计所具有的实用功能与审美功能要求设计者首先要明确设计的目的，要根据对象、环境、场合、时间等基本条件进行创造性的设想，寻求人、环境、服饰、妆容、发型的高度融合。除上述TPO原则外，形象设计的打造还应考虑以下指导原则。

1. 实用性原则

人物形象设计的目的是塑造更好的人，使人的生活与工作变得更美好，所以在造型上应遵循实用的科学原理。一般来说，任何设计创造的新设想都应具有实用性和合理性。某些设计形式还应该能为广大民众所接受和喜爱，被人们广泛认同的设计就是成功的设计，就能产生无穷的价值，甚至成为当时的经典。只有成为经受住市场考验的设计作品，被大众所流传，才能显示出其中的意义与价值。

2. 独特性原则

人物形象设计应是对不同人物形象的创新与个性化塑造。这种创新与个性化的形象塑造是指具有适合个人的表现形式和造型特征的外观形

象,能表现出设计对象所具有的独特气质、风度和韵味的造型设计,能显示出设计对象自然美和艺术美的完美统一。如当代一些著名的设计师将中国风融入自己的形象设计作品中,让传统东方元素与诸多的现代元素相结合,让人称赞。所以,设计师首先应对时尚流行具有独特的感受和领悟,对设计对象应充分了解,然后发挥出自己独有的艺术构思与丰富的想象力,巧妙地运用流行趋势和时尚元素,在结合设计对象特点的基础上进行个性特色的表现与审美意境的创造。只有这样,人物形象的个性特色才能得以彰显,人物形象设计的价值才能得以体现。

3. 时代性原则

审美标准和审美理想是人们审美观的核心。人具有社会性,各个时代的文化、经济、生活形态等因素又会对人们审美观的形成和发展产生重要的影响。时代不同,人们的审美观念也会有所不同,不同时代的审美观念将会直接作用于形象设计的创作和表现中。人物形象设计是一种时代的艺术,在当今的时代条件下,形象设计作品应给人当下审美的视觉感受。因此,在进行人物形象设计创作时,一定要注重对时代文化艺术特征的观察、分析与提炼,对社会经济发展及时尚形态的考察研究,并善于运用流行时尚元素进行人物形象设计的创意表现。

二、人物形象设计的风格塑造

(一) 风格与形象

风格一词常见于艺术作品领域,是作家、艺术家在创作中所表现出来的一种艺术特色和创作个性。风格是无形的,又是有形的。说它是无形的,是由于它不可以用明确的词语下定义,没有一定的模式;说它是有形的,是因为风格需要以有形的物态或作品表现。风格是人物形象设计所要表现的重要部分,是形式与精神共同的体现,是形象设计的灵魂。形象设计中的风格既是一个个体所体现出的气质与精神,也是设计师的思想倾向、性格特点、审美情趣和艺术修养的综合体现,一个好的形象设计作品在很大程度上能反映个体的风格,尤其是自我形象的设计，要能较全面地反映自己特有的风格，从而让自己达到一定的审美理想的境界。个体风格是个人内在素质和外部表现的结合。由于每个人的生活环境与经历、立场观点、文化艺术修养、个性气质都不同，其所具有的风格特征也就各异。要获得良好的艺术修养，塑造独特的个人风格，就要学会在处理题材、表达主题、描绘形象、表现手法和视觉语言等方面进行多方位的训练。

（二）对人物形象设计有影响的其他艺术风格

个人形象设计需要依据不同风格而定，但在具体的创意与创新设计中，还可以从更广泛的视野，参考以下几类艺术风格，塑造出别出心裁的创意造型。

1. 传统风格

传统风格流行于现代社会的"上班族"形象中，即男士和女士有着约定俗成的固定搭配。如男士的服饰装扮为西服、衬衫、大衣，女士的服饰装扮为礼服、西服套装等。这类风格通常具有严肃、典雅、高贵的特点。如要对这类风格进行设计，则要突出简洁、高雅的气质，妆容造型精美，发式沉稳，服装材料选用要讲究，工艺技术要求较高。

2. 都市风格

都市风格的形象具有都市生活方式的典雅、浪漫等特征，其色彩要素雅沉着、品位或端庄或俏皮，线条应流畅简练，装饰得体。都市风格的形象设计最重要的特点是突出都市人群的生活气息，都市女性要求时尚、干练，都市男性要求简约、精致。都市风格的色彩常常是以黑、白、灰、棕为主，可适当加入一点彩色作为点缀，整体风格要与都市耸立的高楼、科技风的电子产品、智能化的办公环境融为一体。

3. 休闲风格

休闲风格是一种摆脱传统束缚、拘谨、严肃的现代时尚风格。相对于拘谨的传统款式、沉闷单调的色彩，休闲风格的造型呈现出的是一种轻松、自由自在的感觉。休闲风格的服饰非常注重上、下装之间的搭配，色彩要求和谐、自然。在整体形象设计中应突出随性、随意、自然等特点，要弱化妆容的繁复，丰富服饰品之间不同单品、色彩、材质的组合，以满足人们在休闲、放松情境下的需求。

4. 田园风格

田园风格是一种追求无任何虚饰的、近乎原始的、纯朴自然的唯美风格，通常从大自然的花草树木和美景中汲取设计灵感，追求古代田园一派自然清新的气象，带给人们自然般的绝佳感受。现代工业化中快节奏生活引发的紧张忙碌、社会竞争的激烈等都给人们带来了种种精神压力，人们不由自主地向往精神的放松与舒缓，追求平静单纯的生存空间，向往大自然，而田园风格的自然妆面、宽松的服装款式、天然的棉麻材质和素雅的图案色彩为人们带来了犹如置身于大自然中的悠然之感，受到了越来越多人的青睐。田园风格很适合用于人们外出郊游、散步和各种轻松的活动中。

5. 超前风格

超前风格也被称为未来派风格，主要用于一些前卫艺术的创作中，往往给人一种惊世骇俗特立独行的印象。超前风格强调艺术生存本身所具备的独立品格，寻求艺术新生的方式和其他多种可能性。在超前风格的形象设计中，通常采用一些大胆、夸张的造型，如不规则的服装廓形、强烈大胆的色彩拼接、混搭的各种材质、夸张亮丽的饰品等，让人极度振奋。

6. 运动风格

随着人们健康理念的改变，越来越多的人以运动作为生活中的重要内容。体现青春、时尚的运动休闲风格越来越受到人们的追捧，产生这种现象的原因主要是消费者对服装舒适性和个性化的要求越来越高，而体现时尚、舒适大方的运动休闲服饰恰好满足了大众的这一需求。运动风格以运动理念为主，如在服装、鞋袜上，通常采用宽松、弹性的面料，拼接的色彩表达出活力、奔放与自由洒脱的美感。

7. 民族风格

民族风格源于世界各国传统性的民族装束或乡村风格。民族风格富有独特的民间韵味，其妆容、发式造型、服饰、色彩、图案、材质、饰品都极具特色，体现出不同民族的风土人情和生活习惯。将民族风格注入现代人物形象设计中能给人耳目一新的感觉。当今世界上诸多的服装设计师、形象设计师等都前往世界各地采风，将各地有代表性的民族民间艺术融入自己的创新设计中，获得了极大的成功。

第二章 人物形象静态设计

第一节 着装风格技巧与形象塑造

一、女性风格

依据人体固有的体型和五官"曲直"特征以及由性格、气质塑造出来的整体形象,可以将女性形象大致分为八种风格,分别是:偏曲线型的少女型、优雅型和浪漫型三种;偏直线型的戏剧型、自然型、古典型、时尚型和帅气型五种,这两大类八大型以"曲、直"的感受为判断基础,而曲直却是相对的概念,因此也会有介于两者之间的中间型。

(一)偏曲线型的三大风格

一般身材曲线突出、面部轮廓圆润、眼睛较大、眉毛弯弯的人属于曲线型。此类型适合穿带花边、泡泡袖、花朵图案的服装,衣服边缘、领子一般为曲线,适合花色绚丽或有褶皱、曲线感强的裙装,发式适合卷发。曲线型又可分为以下三大类,即前卫少女型、优雅型和浪漫型。

1. 前卫少女型

前卫少女型的形象特征表现为脸庞偏小、外轮廓较圆润、长相甜美、眼神灵动,性格开朗好动,思维活泼跳跃,看上去比实际年龄小,略带孩子气。适合穿着色彩轻快明丽的服装,首饰可选卡通款、花草款等造型。

①关键形容词:量感小、曲线型、小巧、有女人味,有些呈娃娃脸型;性格可爱、温柔、讨人喜欢。

②着装风格:曲线裁剪的小圆领套装最适合少女型穿着,连衣裙、

背带裤、背心裙、喇叭裙、短上衣、小碎花棉布做成的衬衣都能够烘托前卫少女型的俏皮可爱形象。

③色彩图案：色调柔和，明度浅淡，纯度中性，色彩群温馨、甜美。

④配饰细节：可爱、小巧的蝴蝶结或花朵类，清透水晶珠项链和卡通小动物耳环；圆头、带有可爱元素装饰的皮鞋，中跟浅口鞋，蝴蝶结装饰和皮包，波点图案或小碎花圆帽。

⑤化妆发型：用色柔和、强调睫毛和嘴唇是前卫少女型化妆的重点；适合的发型有直发、卷发、辫发、马尾发。

2. 优雅型

优雅型通常面部轮廓柔美、圆滑，五官精致小巧，脸部量感较轻，身材呈圆润、曲线型，走起路来很优雅。也可以这样理解，优雅型是大一号的前卫少女型。

①关键形容词：优雅、精致、女人味、身材纤细、小家碧玉、成熟、曲线。

②着装风格：突出优雅型女性柔美的特征款式是曲线剪裁，外套领型如青果领、花瓣领、蝴蝶结领、小圆领等都很合适；穿套装时，用丝巾来化解正装带来的强硬感，最适合穿柔软带素花的连衣裙、成熟优雅的曲线型套装或裙装。

③色彩图案：选择轻柔淡雅、柔和、具女性化的颜色，如象牙白、米灰、淡黄、淡蓝、淡紫、淡绿等，或是比较成熟的橄榄绿、褐酒红、紫灰色。带有曲线感的图案如水墨花朵、佩斯利花纹（腰果形花纹）等也都很适合。避免选择条纹格子图案、排列均匀的波点图案，花朵图案可选择单个图案元素的面积小于6厘米且排列有序的图形。

④配饰细节：金银、珍珠等饰物做适当点缀就可以。柔软的皮质、秀气而女人味十足的造型是优雅型女士选择鞋子的标准。

⑤化妆发型：妆面一定要干净、整洁，强调睫毛，中长或披肩的卷发发型最能突出优雅型的女性特征，要注意从各方面表现和发挥温柔的

女性魅力。

3. 浪漫型

浪漫型风格又称为华丽型、性感型风格。标准浪漫型总体给人的印象是性格夸张大气、风情华丽、高贵富有。浪漫型风格通常面部轮廓圆润，五官曲线感强，女人味十足，眼神迷人妩媚。身材曲线丰满、圆润，性感浪漫。

①关键形容词：大家闺秀、华丽、性感、夸张、迷人、成熟、妩媚、曲线。

②着装风格：适合以华美、夸张的曲线裁剪为主的服装，裙装更能展现女性妩媚的气质。整体造型上适合曲线形裁剪，领部宽大而领位较低，袖子方面适合喇叭袖、泡泡袖等，裙子适合鱼尾裙、大摆裙等，裤装适合喇叭裤及裙裤。装饰细节适合10厘米以上尺寸的蝴蝶结、大花朵等。身材体重正常的情况下，风衣、大衣一般选择带有收腰设计的款式，但身材臃肿者可以利用直线裁剪来改善。

③色彩图案：在冷暖季型中选择色彩最亮、饱和度最高的色彩群选择曲线花朵、女性味浓的花卉图案、梦幻般的流线型图案、水点图案、性感动物图案或者富有凹凸感的图案也适合，随意排列的团花类、动物类量感适中的都适合。

④配饰细节：适合选择以大花朵为元素，曲线感、圆形造型饰品。材质既可以选择钻石、天然宝石、黄金，也可以选择合成材料，造型可夸张且有光泽。宜选择表盘为圆形的名贵优质、镶满钻石带金属链式表带的腕表，眼镜框宜选择较宽镜框，太阳镜要以深色为主，包袋的选择方面一定要选带有曲线、圆润且质地柔软的包。

⑤化妆发型：浪漫型风格适合柔和的妆面，比如有弧度的眉形、弯翘的睫毛、嘴角、眼睑尽量向上画；发型上首选大波浪，根据身高和脸型设计发型的长度，但一定是柔软而蓬松的发型，强调造型感，以此来更好地烘托女人味十足的五官。

（二）偏直线型的五大风格

一般身材较瘦，面部轮廓明显，鼻子挺直，眉毛走向较直的属于直线型。直线型又分为以下五大类：戏剧型、自然型、古典型、时尚型和帅气型。

1. 戏剧型

①戏剧型特征：戏剧型风格又称为夸张型、艺术型风格。标准戏剧型给人的印象总体是夸张大气，面部轮廓线条分明、五官夸张而立体，量感十足，身材骨感、高大，看起来比实际身高略高，在人群当中很引人注目，存在感很强，有令人"过目不忘"的感受。

②关键形容词：夸张大气、醒目时髦、成熟个性、存在感强、直线骨感。

③着装风格：特别适合夸张、与众不同的风格，曲线、直线裁剪都适合，中性风格的装扮则能表现出帅气摩登的气场。避免平庸的、不成熟的、可爱的服饰风格。

④色彩图案：较饱和、可以产生对比效果的色彩较为适合，配合几何型、大花朵、动物斑纹等抽象、夸张、华丽的图案。

⑤配饰细节：适合通过配饰细节做充满个性的修饰点缀。宜选择时髦而夸张的饰品，如大耳环、多层项链等，可选用如宝石、闪光金属类材质。鞋靴选择范围较大，尖头鞋、细高跟鞋、平底鞋、男性化的方头鞋、长短靴都适合。

⑥化妆发型：妆面设计上要突出个性，眉毛要有一定的角度、留出眉峰；适当夸张眼线或眼影；强调眼睛与嘴唇的美感，用色可以略浓重夸张。眼妆或唇妆一定要突出一个部位的刻画。

2. 自然型

①自然型特征：自然型风格又称为运动型、随意型风格。自然型通常面部轮廓和身材都呈现直线感，神态轻松、随意、不造作，走起路来很潇洒。标准自然型给人的总体印象是自然随和、亲切大方。

②关键形容词：潇洒、随意、亲切、朴实大方、成熟知性、宽

松型。

③着装风格：款式上力求简洁大方，秉承"少即是多"的原则；面料上，夏天以棉麻为主，冬天以粗花呢、棒针毛衫为主，结构上以宽松、半宽松型为主。

④用色原则：颜色选择上应尝试使用纯度、明度较低的颜色，尤其注意自然色系的搭配应用。

⑤配饰细节：饰物如象牙、木质、贝壳、天然石等材质，可搭配平底帆布鞋，具有民族风格的饰品较适合，金银饰品要少用。

⑥化妆发型：妆容上以"裸妆"型淡妆为主，力求妆容自然清新。发型或是如瀑布般的长发，随意而不失清新，或是简单的"马尾"，清新大方或是充满朝气而不失成熟知性的短发。

3. 古典型

①古典型特征：古典型风格又称为传统型、保守型风格。标准古典型女士总体给人的整体印象是端庄、高贵、严谨、传统，通常面部轮廓线条偏直线感，五官端庄、精致，有一种都市女性成熟而高雅的味道。身材适中且笔挺，以直线型为主，很少有丰满感。

②关键形容词：端庄、正统、精致、高贵、成熟、直线。

③着装风格：最佳着装突现高贵、都市、品位，裁剪精良，以贴体、半贴体型结构为主；配上西裤、一步裙、A裙等更能凸显庄重感，衣领选择上宜选择V领、方领，尽量避免圆领、青果领、荷叶边等元素。

④用色原则：以冷色调色彩为主，根据自己肤色的具体情况再作细分。

⑤适合图案：图案上以排列整齐有序的小格子、小几何形、小碎花等连续排列的图案为宜，强调边缘清晰感，比如方格、条纹、水点纹等。

⑥配饰细节：古典型一定要佩戴精致、精美的名贵饰品，把握"少而精、适中、造型直曲均可"的原则，以珍珠、钻石、宝石类为主。选

择鞋头为小方头、小圆头的中跟鞋,休闲场合可选用坡跟鞋,鞋面要尽量少装饰。选择做工精致、轮廓感强且设计简洁大方的皮革材质的中型包丝巾、胸针的成功选择可以为整体造型画龙点睛。

⑦化妆发型:妆面要精致淡雅,强调眉形、睫毛、眼线和唇部的化妆,唇膏的选择以唇彩最佳。发型整齐、精致打理、一丝不苟,如干练的短发、中发、盘发为佳。

4. 时尚型

①时尚型特征:时尚型总体给人的印象是五官精致个性,身材玲珑骨感,时尚型通常面部轮廓线条清晰、明朗、五官偏小、个性十足、性格活泼、外向。

②关键形容词:个性、时尚、标新立异、古灵精怪、年轻。

③着装风格:服装廓形上或宽松肥大,个性十足;或贴体,线条感很强。混搭、撞色、镂空、做旧等元素常常出现在时尚型人士的着装上,而且尤其钟爱通过不对称裁剪缝制的服装。

④用色原则:尝试使用中纯度、彩度较高的颜色,色彩一定要有冲击力,与人物内在气质相吻合。

⑤图案选择:无论是几何纹、动物纹还是花卉都可以选择较夸张或抽象的图案。

⑥面料:在面料质地上要求不高,但是要尽量选择当季流行的面料,尽显着装者的时尚感特质。

⑦配饰细节:饰品造型怪异,以几何形及抽象的偏多,如粗项链、锁骨链、多层次手镯、多枚戒指混戴、多个耳环同时佩戴的异国风情装扮。鞋靴的选择以尖头鞋、细高跟鞋、无跟皮拖鞋、厚底鞋为主,职场上适合搭配尖头高跟鞋或偏中性的皮鞋,可选择瓜皮帽、牛仔帽、棒球帽、包头巾等帽饰。

⑧化妆发型:根据脸型来定,各种发型都适合。

5. 帅气型

帅气型风格又称前卫少年型、干练型风格。帅气型人通常面部轮廓分明，五官直线感强、有力度且英气十足；给人的总体印象是利落干练的中性味道，性格直爽外向，活泼好动；身材直线感强，走起路来步履潇洒。

①关键形容词：帅气、干练、利落、中性、年轻、直线。

②着装风格：休闲装以偏中性的衬衣、T恤为佳。在职业装选择上，以裁剪精良的合体套装为宜，上衣宜选择短款，斜纹肌理，立领的扣式，戗驳领的西装，尽显着装者的干练与帅气。

③用色原则：选择适合自己的色彩群中较明快、有韵律感的色彩。

④配饰细节：别致的几何型耳环，带有现代气息、中性化造型的时尚项链、颈链、手镯。立领多扣的裙套装配中性中跟的方口皮鞋，配以单带长挎包。

⑤化妆发型：化妆时眼影与眼线稍做强调就可以了，超短发、直发最佳，尽显帅气、干练。

需要注意的是，端庄、典雅、成熟、可爱、年轻、时尚等风格的营造必须是以美与和谐为基础，不能想当然地去改变。所以，形象设计要遵循"曲配曲、直配直"的基本原则才会使整体和谐。

二、取长补短的着装技巧

在服装搭配中，处处都有长与短的对比，如款式的长与短、体型上下身的长与短、配饰与人体比例的长与短等；处处也体现着宽与窄，如脸型与领口的宽与窄、服装轮廓的宽与窄、服饰单品之间的宽与窄等；处处也体现着大与小，服装单品之间量感的大与小、服装整体风格的大与小等，这些既属于服装设计法则的范畴，也属于错视手法的运用。

（一）长与短

长与短是在形象设计中经常出现的评判标准，如衣服款式的长与短、头发的长与短、面部比例的长与短等。而女性购买上衣时喜欢偏向于较长的遮盖住臀部的上衣，是因为中长款上衣能够在视觉上拉长着装者的腰部线条，使其上身显得更加苗条；但如果腰部比例本身就有些偏长,那就会适得其反,在形象设计中应加以区分。

适合的服饰装扮能给人以自信感。比如短裙能够在视觉上拉长腿部线条,所以短裙特别适合身材娇小的人穿着。"长与短"在搭配上通常有以下几种方式。

1. 上长下短

上长下短的款式搭配优势在于能够在视觉上形成错觉,使人看起很高挑。根据人的视觉规律,人们往往把视觉注意力集中在人的上半身,视觉中心越高就越能够制造高挑、修长的效果。通过服装单品长短之间的协调可以改善人体上下身比例,使之趋于完美。

例如,长西装或者大号的外套搭配短裤或短裙都会打造出中性而摩登的都市风格。这种搭配方式不仅可以优化人体比例,而且几乎适合各种场合,如运动休闲、商务职场、晚宴聚会,但需要注重服装材料与色彩之间的对比与和谐。

2. 上短下长

上短下长是 20 世纪 80 年代非常流行的一种搭配方式,上短下长指的是服装款式选择上的长短搭配。这种搭配方式除了上身特别短或者特别胖的人要慎用,正常身材都有不错的搭配效果。比如紧身 T 恤搭配宽大牛仔裤或者百褶裙的搭配就迎合了复古风潮,这种搭配还有一个优势就是人比实际身高看起来要高,显得时尚动感,有活力。

3. 上下等长

上下等长的搭配是指服装款式上下身之间的面积几乎是 1∶1,这也是最不符合黄金分割率的一种搭配方式,如果搭配合理会有一种自然文艺气质,在服装搭配方式中是较难掌握的一种。

一般来说,此时需要通过配饰画龙点睛,例如加一条和服装整体风格一致的腰带或方巾。通过配饰的加入,打破原有的上下身色彩面积,使色彩有效地分割或衔接,需要注意配饰和色彩之间的均衡和呼应。当下多元文化的融合带来服装风格的泛化,一种宽松自由的着装形式也为年轻人所喜爱;还有一种结合东方传统审美"宽衣文化"的着装风格也体现在上下等长的搭配中，需在材质肌理中寻求细腻而和谐的变化以增加服饰的整体美感。

（二）宽与窄

服装史上具有代表性的服装廓型的演变都是围绕肩宽、胸围、腰围、臀围的变化展开，各个部位的"宽与窄"形成不同的廓型，从而影响了流行的变迁。

男士在挑选购买西服时需要注意垫肩的效果。因为正确的垫肩能够修正男士的肩部线条，从而塑造上宽下窄三角形的男士身材；而女性则可以利用胸围与胯部的设计制造"细腰"的效果。"宽与窄"不仅是长度问题，更涉及围度，常用的构成方式有以下几种。

1. 上宽下窄

上宽下窄的搭配方式几乎适应所有的体型，因此被广泛运用，选择短小、较宽松的上装能够在视觉上优化上身不足；而上身过于丰满的女性则会显得有头重脚轻之感，因此可以在宽大的外套外面系一个纤细的撞色腰带进行腰部的修饰；同时这种搭配方式可以利用丝巾、毛衣链在宽大的外套外面进行纵向的点缀，将视觉上移，提升形象的注目度。

以"泡泡袖"为例，这种造型能让肩部变宽，从而肩宽腰窄，让着装者的身材看起来有点宽，由于增加了肩部的宽度，使腰部显得纤细，错视的效果带来轻松和谐的感觉。

2. 上窄下充

如果上身选择短小窄紧的款式，下身选择宽大修长的款式，视觉上会让人显得高挑。这种搭配会使得下半身更加夸张，而与上身的对比更加明显，无法达到调和上下身的和谐效果。

Y型身材和P型身材的特点是肩部比较宽厚，胸围比较大，而下半身相对比较瘦（上宽下窄的体型），选择这种着装方式会起到互补均衡的效果。

H型身材的女性体型属于直线条，缺乏曲线感，运用上窄下宽的搭配方案会呈现斜线外轮廓，这种逆向性搭配会产生女性独有的飘逸感。

3. 上下同宽

上下同宽指上下身服装款式造型都是宽松风格的，设计上忽略肩线、胸围、腰围的设计，对身材没有过多的限制，很多人喜欢将这些宽松的单品进行组合，这是一种偏自然风格的服饰形象。这种搭配需特别谨慎，可从面料颜色、材质、配饰等方面进行对比调和。

（三）大与小

大与小的对比因素有很多，如色彩面积的大与小、脸型的大与小、配饰的大与小、单款之间的大与小。人们通常会很容易注意到这些因素，但风格上量感的大与小常常容易被人忽略，如嘻哈风格相对于淑女风格，嘻哈风格量感较大，淑女风格量感较小。了解服饰风格量感的大与小就可以结合自身或服务主体的特征进行分析和归纳，帮助其快速掌握自己所适合的风格种类。

（四）方与圆

一般来说，一件衣服上直线与曲线是相结合产生的，款式上通常有约定俗成的设计原则，如男装多直线，女装多曲线。但随着时代的发展，审美的变迁，在服装款式上也呈现一种中和现象，即男女装廓形的模糊，女装也趋于H型、T型，男装设计中也加入了"圆"的设计。"方与圆"还体现在对体型的修饰上，如曲线感强的身材适合穿圆润线条的服饰；直线感强的身体则适合穿着以直线、方廓形为主的服饰单品。

（五）实用服装链

"一衣多穿"不仅是低碳环保概念下的一种着装理念，一种流行、更是一种生活态度。通过单品和配饰之间的搭配，形成崭新的造型，迎合多种场合的需求，也是对当今快节奏生活和快时尚的快速反应。

1. 以色系搭配展开的服装链

不同风格、不同材质的服饰单品如果能按照一定的色系组合进行重新搭配，就有可能搭配出许多崭新的形象。由于色调的和谐统一，将不同材质的单品进行重新组合,在视觉效果上是最不易出错的方式。例如以暖色调为例,将不同深浅橘色调单品展开服装链搭配,有效利用服装资源也是衣橱定期进行打理的便捷方法。

2. 以基础单品展开的服装链

生活中最简洁的纯色半身裙,搭配不同风格的上装、包袋、鞋以及配饰便可瞬间改变造型,但要把握几个原则:注意材质之间的对比和关联性,注意色彩之间的面积比例,注意鞋、包袋、项链等配饰的点缀色和流行色运用,就有可能呈现出都市风格、休闲假日风格及华丽风格等。

比如以基础白色 A 裙展开的服装搭配链,通过不同风格的单品营造出优雅、休闲、运动、知性等整体风格。

三、面料创意与形象塑造

(一)面料二次设计提升形象创意含量

面料作为服装设计中最为直观的要素之一,是最能突出创意和形象塑造效果的载体。优秀的形象设计师除了要关注色彩和款式的流行之外,更应该具备高超的面料设计能力,用材料去思考,把握其特性,并用审美的眼光对面料的材质、肌理和图案等方面进行开发和再造,其效果无疑对服装风格的实现提供了更为广阔的物质条件和创意空间。

面料创意设计提升了服饰品的设计含量,通过面料的创意性变化,给予设计师新的灵感来源,为设计师提供更为广阔的设计空间。面料创意设计具有极强的实验性、破坏性、偶然性和人为特色,具有丰富的表现手法。

同时,形象设计推崇个性化、拒绝模式化。在个性风格的塑造表现上,极大地依赖服装材料的细节设计,而对细节的演绎和变化很大一部分已经转移到对服装材料的再造上,成为体现设计创新能力的标准。因此,注重对服装材料的开发和创新,把现代艺术中抽象、夸张、变形等艺术表现形式融入服装材料的再创造中,为形象创意思维提供更广阔的创作空间,这是现代设计师所关注的问题。

例如设计师为了表达"透明"这一主题,在材料上运用非服用材料——塑料,采用立体裁剪方式,结合流行趋势,利用干净脱俗的复古妆容,塑造环保概念下充满浓郁人文情怀宛若新生的形象。

(二)面料质感影响人物形象气质

面料质感对形态的影响是人物形象设计中非常重要的因素。不同的面料带有完全不同的感情倾向,即使是完全相同的设计,换用不同的材料,就可以完全改变设计的风格。例如一件简单的背心,分别用丝绸、皮毛、皮革制作,丝绸给人以轻快感,皮毛给人以粗犷感,而皮革则给人以前卫感。肌理效果是材料质感的一个特色,肌理的差异性可以使人物形象设计呈现出不同的面貌。尤其在现代人物形象设计中,当设计和色彩的运用达到一定的极限以后,对物质材料的再造或肌理处理成为强调设计的重要途径。

不同材质面料的造型特点以及在服装设计中的运用简单介绍如下。

1. 柔软型面料

柔软型面料一般较为轻薄、悬垂感好,造型线条光滑,服装轮廓自然舒展,如真丝、高支精梳棉、丝绵、雪纺纱等,比较适合表现柔美、可爱、优雅的形象。

2. 挺括型面料

挺括型面料线条清晰,有体量感,适合有容量感、轮廓夸张的服装;比较适合塑造中性、干练的形象。

3. 光泽型面料

光泽型面料一般包括丝绸、锦缎、人造丝、皮革、涂层面料等,这类面料表面光滑并能反射出亮光,有熠熠生辉之感,此类型面料适合配以冷艳妆容、量感发型来塑造夸张、华丽的风格。

4. 厚重型面料

厚重型面料厚实挺括,能产生稳定的造型效果,包括各类厚型呢绒和绝缝织物。其面料具有形体扩张感,设计中以 A 型和 H 型造型最为恰当,适合塑造自然、古典、休闲的风格。

5. 透明型面料

透明型面料质地轻薄而通透,具有优雅而神秘的艺术效果。包括棉、丝、化纤织物等,例如乔其纱、缎条绢、蕾丝等,适合塑造空灵、科幻的形象。

6. 涂层面料

涂层面料是指利用溶剂将所需要的涂层胶粒(有PU胶、A/C胶、PVC、PE胶等)溶解成流涎状,再经过均匀涂抹、烫印、固色、烘干等工艺在原有面料表面形成一层均匀的覆盖胶料,从而达到防水、防风、透气等效果。这是科技与艺术完美结合的结晶,适合塑造个性、创意类形象。

(三)流行面料提升形象塑造的时尚感

国际时尚舞台上的中性风格最突出的表现就是设计师将以往专属于男士西装、外套的面料运用到女装上。例如人字羊毛呢、机织弹力面料等看起来沉稳又怀旧的男装布料取代了近几年的软质皮革、羊毛呢等面料,加上褶皱、抽结等立体化细节设计,为时下女性提供更多的选择。

四、细节设计与形象塑造

形象设计中的细节体现在多个层面,这里主要针对外在形象的细节设计而言。身处快节奏社会活动中的人们,置身于一定的社会环境中经常要快速变换多种身份和形象,因此,细节的设计就显得尤为重要。

(一)细节设计转换职业场合、半职业场合形象

如上班族下班后要赶去参加一个朋友的聚会,而职业装束就会显得有些严肃,但又不可能回家重新换一身衣服,这个时候,细节设计就能发挥很大的功效了。

1. 配饰

靓丽丝巾的恰当使用、时髦腰带的点缀、手包款式的选择、艺术感项链的佩戴都能在瞬间减弱职业刻板的形象,可营造出摩登时尚的气息。

围巾是生活中最常见的配饰单品,按材质分有巴黎纱、羊绒、真丝、人造丝、涤纶、丝麻等;按款式大致可以分为三角巾、长三角、海带巾、方巾、长巾等;从图案的制造工艺上分为提花工艺、穿丝工艺、

手绘图案、数码印花等。现代的围巾设计已经从原始的避寒取暖变成决定服饰风格和着装品位的重要指标,无论从材质上还是工艺上,或是搭配方式上都能满足不同层次消费者的需求。

2. 妆容

快节奏的工作生活场景转换要求细节取胜,根据"TPO"原则,职场女性可以在不同的场合,通过妆容细节打造全新的气质。

职场妆容要求生活化,而半职业场合的妆容可根据参加的具体活动及目的进行修饰。

(二) 细节设计完善形象创意

形象塑造离不开服装造型设计、妆容设计、配饰设计、服饰搭配等视觉要素的协调和变化,例如妆容上眼线或者眼影细微的变化便可呈现不同的气质。服装在廓型、面料、颜色、风格方面的差异性也会造成视觉效果的不同,配饰材质的选择、形状的差异都会影响整个形象创意的效果,因此,往往会因为少许变化的细节设计而产生不同的视觉效果和风格感受。例如,同一个模特同样采用当下流行的强调粗眉、弱化眼线的复古妆容,但细微之处在于选择唇色的不同使得整体的造型风格略有差异。

第二节 妆容配饰的造型与审美提升

一、妆容修饰

化妆是熟能生巧的技艺,只要花一些时间练习,就能够应用自如。化好妆最难的并不是技巧,技巧只要循序渐进,日积月累就能练就,但有了技术也未必能够展示和谐妆容。学会常规的化妆技巧并非难事,最难的是达到色彩、技法、形式之间的和谐,简言之,提高自身的审美能力是创造美的根源。

(一) 化妆的四大要素

化妆需要了解和掌握的基本要领有四项:正确、准确、精确、和谐,理解四大要素的内涵是掌握化妆技巧的第一步。

1. 正确——化妆部位、色彩搭配以及表达目的的正确性

正确是化妆的第一要素,主要指理论层面,比如对化妆部位比例的认识以及对色彩搭配知识的正确把握,这既是化好妆的前提,也是基础。此外,造型理论、色彩理论、技法理论以及审美理论也是掌握化妆技巧不可或缺的理论条件。

2. 准确——化妆技法与化妆理论的准确表现

准确指的是技法,正确的理论指导再加上准确的技法,就能够把人们想要刻画的五官表达得非常清楚。这里的准确指的是化妆技法要准确,强调的是化妆的操作技巧,落笔要娴熟,然后能够将化妆理论的原则在个体身上准确的表达。

3. 精致——需反复练习

精致是四个要素中相对最容易达到的一个境界,经过长期练习和打磨,基本就可以实现。精致也是设计者综合审美的一种表现,相对于其他三要素而言,"精致"是技法的提升。

4. 和谐——体现审美与品位

和谐体现在三个层面:第一是妆面的和谐,妆面在风格、色彩上都要和谐;第二是妆面与整体形象的和谐,妆面设计要服从整体服饰的色调及风格,在色相、明度、纯度上达到完美统一;第三是与外部环境的和谐,妆面不是独立出现的,必须明确场合和环境,将个人形象融入所处环境。

(二)日常化妆法

现代人的生活节奏非常快,不可能花费很多的时间用于化妆,因此,需要在美化形象和节约时间中寻找平衡。入场化妆法的基本步骤分为以下几个方面。

1. 粉底液

在洁肤、润肤后,用手指涂抹粉底液比较快捷方便,分别在额头、鼻梁、颧骨两侧和下巴处用手指将蘸取的粉底进行均匀涂抹。

2. 散粉定妆

散粉和粉饼都是在使用完粉底液之后使用的定妆产品,区别在于散粉的超细粉末有超强定妆效果,而粉饼更适合外出时携带便于及时补妆;在使用散粉定妆时,可以用大刷子蘸取涂抹,也可以用绒面粉扑轻

轻按压。由于粉末极细,不必担心出现厚重感和脱妆现象。

3. 画眼线

画眼线工具分为眼线笔、眼线液和眼线膏。眼线笔十分容易控制,能把握线条的形状,不易画出界,适合初学者,线条会十分自然,比较适合生活妆;缺点是防油效果不好,容易晕妆。眼线膏比较容易把握,上妆效果也很好,不过接触空气后干的很快,所以用时切记盖好盖子,以免眼线膏干裂。好的眼线膏防水、防油效果都很好,由于粗细很容易把控,因此适合塑造夸张的眼部妆容,并适合所有人群使用。

4. 眼影

眼影从质感上分为哑光和闪光两种,哑光的适合生活妆容,而闪光的适合舞台妆容,可以将哑光色眼影铺底,然后以闪光眼影描画高光。在色彩上有以基础色为主的搭配,也可以将色彩明艳、对比度较大的色彩相互搭配。

由于亚洲人的眼球是黑色、深棕色的,配合于黄色基调为主的肤色,同时选择使用相近颜色的眼线会使眼睛放大,更有神采,和眼影色相适宜的是黑色、深棕色的眼线。

生活中一般彩色的眼线用来作为点睛之笔,夸张眼睛效果。大面积使用彩色眼线的妆容通常为创意时尚妆容,也是舞台造型中最重要的表现环节之一。

5. 涂睫毛

涂睫毛的目的是可以增加眼睛的立体感,使眼睛充满神采。将睫毛膏从睫毛根部开始从下向上拉,每涂完一次,都要用干净的睫毛刷或者睫毛梳从根部把每根睫毛梳开,防止结块。用同样的方法再涂两三次睫毛膏。但是要注意,一定保证在前一次睫毛膏还没有干透的时候涂第二遍,以防因结块出现不流畅的感觉。

6. 腮红

刷腮红时要在微笑时从外嘴角到太阳穴连成一条斜线,腮红正好在这条斜线上,也正好在颧骨外侧方,这样的腮红就和面部的表情合二为一了,使妆容生动自然,不至于显得生硬。

具体方法是先把腮红刷在颧骨的最高处,按照从下往上的顺序,从一个中心开始涂刷,均匀地晕染开。一般从脸颊两侧扫画到太阳穴是最通用的方法。根据面部美学法则，长脸型的人刷腮红要尽量呈现横线，圆脸型的人刷腮红就要呈现斜线，这样可以很好地修饰脸型。

7. 唇彩

用唇刷蘸一点浅色的唇彩，刷在唇中央，再轻轻晕开，会给人清爽润泽的感觉。所用色彩要跟眼影、腮红的色相属性一致，比如咖啡色系眼影、橙色腮红搭配浅橙色唇彩；紫灰色眼影、桃粉色腮红搭配浅粉色唇彩。前者属于暖色系搭配，后者属于冷色系搭配。

(三) 优势化妆法

1. 突出眼睛化妆法

眼睛在五官中最为重要，无论是大眼睛、小眼睛、丹凤眼、深眼窝、双眼皮还是单眼皮都有独特的韵味，合理地选择颜色和化妆手法，可以营造突出眼部神采的效果。

2. 阴影化妆法

在五官中鼻子是最具立体感的，无论是正面还是侧面都影响整个脸部的轮廓。亚洲人的面部相对于欧洲人而言显得比较平面化，想塑造立体五官和紧致脸型可以采用阴影化妆法，调整不理想的鼻部、不立体的面部轮廓和突出的眼皮等，修饰的时候应注意以下两点：

一是在色系选择方面，多以不同的啡色为重心。在日光下，可以选择较浅的啡来加重鼻的轮廓；出席晚宴或在热闹的室外派对时，则可以选择较深的啡来加重鼻的阴影。利用灯光的反射，脸容的效果会更加突出。阴影粉材质的选择应以哑光为主，有时候可以用眼影粉代替，色调、材质上尽量避免含有珠光颗粒。

二是运用合适的手法进行勾画，可借用无名指指腹，也可以利用化妆刷、化妆棒，手法轻柔，使阴影色跟皮肤色衔接自然，融为一体。

化妆水平有三个境界：第一个境界是"为面容化妆"，这个境界的化妆师可以用化妆技艺修饰人的面目，让人的容颜变得更美丽；第二个境界是"为个性化妆"，通过高超的技艺根据每个人不同的形象、气质，为其设计服饰、发型、妆容，凸显一个人的个性特征；而最高境界是"为生命化妆"，这需要化妆师有较高的修养，从内心的丰富内涵中引发设计构思，能够拂拭掉心灵的尘埃，让人的生命显示出不一样的审美境界。

二、配饰与整体造型

普通人的着装观念注重实用性，习惯在着装主体上考虑过多。

通过手袋、鞋、丝巾、首饰的搭配和个人妆彩的协调，使服装与个人的形象气质融合在一起，这才是真正意义上的服饰设计，个人的着装风格也才会富有生命力。

服饰设计体现了服装设计师对美和时尚的理解，但同样的服装穿在不同人的身上，诠释出不同的生活理念和个人修养。若想体现个性化，必须由本人进行二度创作，即根据自身的品位和气质对服装和配饰进行搭配，形成符合自身气质的服饰风格。体现个性、时尚、精致、完美，在于各种各样的配饰的应用，整体形象美是通过二次创作完成的。

（一）包袋——协调比例的关键

通常情况下，包的大小应是女人臀部体量的1/3。但也有特例，比如为了表现狂野民族风，也可以选择更为夸张的包袋；为了表现优雅淑女风格，也可以选择造型更纤巧的晚宴包。

（二）耳环、胸针、项链——画龙点睛的秘密

首饰的材质有金银、钻石、珍珠、亚克力、合金、陶质、木质等，它们都有各自的属性特征，如金银也分冷暖，金色首饰搭配暖色系的服装，银色首饰则应配冷色系的服装。首饰与服装的颜色相协调，同色系看起来协调稳定，对比色显得强烈活泼。此外，首饰由于材质的不同表现出的风格也丰富多样，比如木质和陶质偏向民族风格和自然风格，亚克力较为偏向夸张和奢华的欧美风格，而珍珠由于色泽温润偏向优雅甜美风格等。

（三）围巾——彰显优势、掩盖不足

围巾按形状可分为三角巾、方巾、长围巾、披肩等种类；按材质可分为棉质、羊毛、羊绒、真丝、麻质等种类；按风格可分为田园、淑女、奢华、街头、中性、知性等不同风格；按搭配的场合可分为休闲、职场、户外等类型。

无论哪种风格都离不开色彩的选择，最基础的选择方式是以服装色调为主，同色系搭配，这样最为整体，不易出错；也可遵循净色的服装搭配花色围巾的原则，带图案的衣服配净色围巾；在选择时还应考虑肤

色，尤其要考虑跟面部肤色的协调。

（四）腰饰——调节视觉比例，完美搭配的点睛之笔

腰饰从种类上分有腰带、腰链、腰巾、腰封等；材质上分有皮质、绳质、合金等；风格上分为商务、休闲、街头等风格。腰饰在服饰搭配中，有改善人体比例和提升整体造型的作用，如腰链松松地系在胯部，会呈现浓郁的风情；腰巾装饰在腰头会营造出休闲自然的氛围；束于高腰位置的宽腰封会塑造出奢华宫廷的风格。

腰饰色彩的选择一般是同色系、类似色或者对比色，同色系和类似色搭配不易出错，但如果想出彩就要考虑材质的变化；如果选择色相对比大的腰饰，要特别注意它在整个身体上的位置，位置较高的视觉点会显得身材挺拔，如果希望下半身看起来比例较好，就应选择与裙子或裤子相同颜色的腰饰，这有在视觉上提高腰线的效果；但如果上身偏短的人就要考虑选择和上衣颜色相吻合的腰饰，这样腰饰和上衣在色相上协调一致，有效加大了上身的视觉长度，对身材起到修饰作用。

（五）鞋——不容忽视的角色

选择鞋子时首先考虑色系，如无彩色的黑色、灰色、白色和自然色系的米色、咖啡色、驼色、卡其色等都是常用的百搭色，这些都容易搭配服饰整体色调。其次要考虑鞋型与风格的搭配，如方头鞋给人的感觉是利落、简洁的，因此比较适合职场形象；圆头鞋给人的感受是舒适、可爱、有亲和力的，因此比较适合休闲度假穿着；而尖头鞋给人的感受是摩登的、前卫的，因此比较适合都市风格的形象。

（六）丝袜——完美着装的修饰

丝袜和鞋子搭配时，不能比鞋的颜色深；如果想使腿部显得修长，那么裙子、丝袜和鞋子的色相、明度都要一致；白鞋搭配浅肤色丝袜，彩色丝袜会因花纹、颜色及搭配服装的不同而塑造出不同的风格。

选择恰当的长筒丝袜能弥补腿部形状和肌肤的缺陷，选用方法如下：丝袜的长度必须高于裙摆边缘，且留有较大的余地，穿迷你裙或开衩较高的直筒裙，应配裤袜。身材修长、腿部较细者应选用浅色丝袜，会使腿显得匀称饱满些。腿部较粗者应选用深色丝袜，如黑色、墨绿色、蓝黑色、深咖色，并且带暗直条纹的丝袜会使腿显得苗条些。全身肥胖者应选用偏深肤色，避免较深色泽，如果选择黑色丝袜反而会让上

身显得"头重脚轻"。腿较短者最好穿深色长裙并搭配同一颜色的袜子、高跟鞋,这样可以利用色彩的拖拉原理拉长下身视觉比例。腿部静脉曲张者在踝部、足背可能会出现轻微的水肿,严重者小腿下段亦可有轻度水肿,同时会伴有局部的色素沉着,因此忌穿透明丝袜。全套黑色的衣服应选用有透明感的黑袜,这样不至于整体显得过于沉重。以印花为主的衣裙应配素色丝袜,颜色可以选择印花中面积较大的一种色彩。

三、古代妆面启示

得体的着装、和谐的妆容共同构造了服饰的外在美,而对于内在美的培养则需要不断地学习进行提升。无论是对于个人还是对于设计师、造型师,重读古代时尚都是提升自身审美和人文素质的最佳途径。

从出土的战国时期楚俑便可看出当时已开始敷粉、画眉以及使用胭脂。"脂泽粉黛"一词,最早见诸《韩非子·显学篇》,可见,2200多年以前就有"系列"化妆品了。古代的农业社会一向自给自足,连化妆品也不例外,大都以天然植物、动物油脂、香料等为原料,经过煮沸、发酵、过滤等步骤制成。

但正如古人所言,"虽资自然色,谁能弃薄妆?"再美的人也离不开妆饰,西施居处至今仍存其洗妆的"胭脂河"。对中国女子妆容粉饰的诗文赋章繁多,传承不绝。

(一)古代妆面类型

1. 妆粉

据古书记载,我国早在四千年之前已有面妆的记载了。五代马缟的《中华古今注》云:"自三代以铅为粉";晋张华的《博物志》称:"纣烧铅作粉,谓之铅粉,即铅粉也"。白居易也曾用"玉容寂寞泪阑干,梨花一枝春带雨"描绘杨贵妃,白妆给人一种年轻且有些弱不禁风、楚楚动人的感觉。可见从古至今,追求白皙肌肤始终是我国女性化妆的主旋律。

从色彩原理角度分析,白色反射光线的能力最强,它在阳光下所泛出的光泽与深色肌肤给人的感觉是截然不同的,敷粉使女性的脸面显得白嫩光洁,有了雪白紧致的肌肤,再勾画眉眼和扫胭脂都会有干净唯美的效果。

2. 胭脂

"白妆"是为了改变肤色，胭脂则能增加神采气韵。古时的胭脂有时作为古人的口红，有时又能和妆粉调和后作腮红使用。后来人们在这种红色颜料中加入了牛髓、猪胰等物，使其成为一种稠密的脂膏，从此胭脂的"脂"才有了真正的意义。

古代称口红为口脂、唇脂。口脂朱赤色，涂在嘴唇上，可以增加口唇的鲜艳，给人留下健康、年轻、充满活力的印象，所以自古以来就受到女性的喜爱。

口脂化妆的方式很多，中国习惯以嘴小为美，如唐朝诗人岑参在《醉戏窦美人诗》中写道："朱唇一点桃花殷"；唐宋时还流行用檀色点唇，檀色就是浅绛色。北宋词人秦观在《南歌子》中歌道："揉蓝衫子杏黄裙，独倚玉阑无语、点檀唇"。这种口脂的颜色直到现代还在流行。

唐朝元和年以后，由于受吐蕃服饰、化妆的影响，出现了"啼妆""泪妆"，顾名思义，就是把妆化得像哭泣一样，当时号称"时世妆"。这种妆容给人一种怪异的感受，与现在流行的哥特妆有几分相似。

3. 黛初

画眉是中国最早流行、最为常见的一种化妆方法，根据史料记载最早产生于战国时期，屈原在《楚辞·大招》中记："粉白黛黑，施芳泽只"。我国女性在眉妆上具有两种特色，一是拔眉重新化妆，二是妆法自由式样繁多。《楚辞》中的"粉白黛黑"之句，即指白施于面，黛为黑施于眉，这是我国古代妇女最早的妆法。

一般用于黛眉的颜料有矿物质的石墨、石青，有植物类的蓼蓝等，从中所提取的颜料，通称"青黛"。盛唐时期，流行把眉毛画得阔而短，形如蛾翅或桂叶。元稹诗云"莫画长眉画短眉"，李贺诗中也说"新桂如蛾眉"。为了使阔眉画得不显得呆板，妇女们又在画眉时将眉毛边缘处的颜色向外均匀地晕散，称其为"晕眉"，这种画眉方法和现在流行的画眉技法完全一致。唐朝还流行一种很细的眉形，称为"细眉"，其叫法也和现代的称谓吻合。当时最常见的有十种眉：鸳鸯眉、倒晕眉、拂烟眉、小山眉、五眉、三峰眉、垂珠眉、月眉、分梢眉、涵烟眉，等等，多姿多彩，可见古人的爱美之心与现代人相比，有过之而无不及。

在中国古史中，谈到眼妆的几乎没有。但从古时流传下来的一些成语词汇中可以看出对古代女性美的评判更偏好于神采的表达，如"顾盼生辉""含情脉脉"等；在欣赏古代绘画作品时，仍旧可以看到古代女性眼妆的痕迹，它更偏向于通过晕染表达神韵。

从色彩角度来讲，深颜色有后退感，东方人眼型比较细长，结构层次比较平面。用青黛颜色描画眼睛周围，用手晕开层次，和现在描画眼睛的技法极为相似，从视觉上会使眼睛更大更有神采，比如"小烟熏"的画法。

4. 花钿

妆粉、胭脂、黛粉是古人妆容的基础用品，后来随着化妆技艺的发展，出现了一种在眉间和脸上贴上一种小装饰的妆容，这种化妆方式又称花子、面花、贴花，《木兰辞》中就有"对镜贴花黄"一句。贴花钿成为风潮也是在唐朝，古时候做花钿的材料十分丰富，有用金箔剪裁，有用纸、鱼鳞、茶油花饼做成的，甚至有用真实的蜻蜓翅膀来做花钿的。花钿的颜色有红、绿、黄等，花钿的形状除梅花状外，还有各式小鸟、小鱼、小鸭等，具有趣味性和欣赏性。可见，古人对美的追求和创新不仅胆大而且心细，别出心裁，不拘一格。

5. 额黄

额黄，又叫鸦黄，是在额间涂上黄色。据《中国历代妇女妆饰》中记载，这种妆饰的产生与佛教的流行有一定关系。南北朝时，佛教在中国的发展进入盛期，一些妇女从涂金的佛像上受到启发，将额头涂成黄色，渐成风习。到了唐朝，达到鼎盛，宋朝也有这种装扮的风尚。现代的时尚造型师也有不少造型灵感来自额黄。

(二) 古代化妆配饰

古代妇女以粉饰面，两颊涂胭抹红，修眉饰黛，点染朱唇，甚至用五色花子贴在额上，增添美丽。她们的妆容精细入微，端坐在铜镜前从容淡定，分外的悠闲美好。

传说，唐朝开元天宝年间，唐明皇李隆基标新立异，突破旧习，指令宫女在罩帷帽上再盖一块薄纱作为装饰物遮住面额，称之为"透额罗"。在古代绘画作品的仕女图中可以找到原型这种装饰手法在时尚晚装造型中更是被广泛采用。

梳篦，又称栉，自魏晋开始妇女头上流行插梳，至唐更盛。这种梳篦常用金、银、玉、犀等贵重材料制作，唐代妇女流行梳高髻，在发髻上插几把小小梳子，露出半月形梳背当成装饰。梳篦既是日用品，也是工艺品和装饰品，在当今流行饰品中仍然能够看到它的影子。现在的发饰中，有一种既能够起到固定头发又能够起装饰作用的发饰叫插梳，跟梳篦非常相似。

人之爱美，古今皆然。历史的美学是智慧的美学、生活的美学，对当代形象设计品位的提升有着举足轻重的作用。形象设计的品位不单出自美丽的妆容和精湛的技巧，而是源于整体造型中透出的内涵。因为眼睛和皮肤的美丽常常是一目了然的，而内涵则是用智慧和修养滋养出来的，它们与得体的着装、和谐的妆容共同构造了整体形象美。

四、艺术品位与审美提升

审美是决定设计作品品质的关键，培养审美鉴赏能力非一朝一夕之功，需要经过长时间的学习和积累。

提高自身审美和鉴赏能力的方法归纳起来就是多读书、读好书。宋朝诗人苏轼有诗云"腹有诗书气自华"，通过阅读提升气质。

在日常生活中，多看书报、杂志、不断观察和揣摩生活中成功人士的妆容和整体造型，细心观察、研究、体会这些妆容和整体造型，日积月累，激发自身创作的激情，挖掘设计潜力，从而不断提升审美能力。

（一）订阅时尚杂志以及相关书籍，扩大知识面

时尚杂志里面的图片往往都是本季最为流行的资讯，多看多学可以令人们开阔眼界、提升品位。不仅仅用眼睛，还要用心看，分析其造型构成，把注意力放在细节的搭配上，推敲其颜色、款式、包、配饰、发型等造型元素，并将这些信息制作成电子信息库或者是剪报形式的手册，作为自己的资料以备经常翻阅、归纳、总结。

（二）制作风格资料手册

收集过期刊物中不同风格的图片剪贴在自己的资料收集册中，并标出关键词；关注电视及时尚栏目中的最新流行趋势信息，且在册子中标注主题和关键词，这是一个整理—总结—提炼—提升的过程，注重知识和信息的积累，在设计构思过程中，翻阅这个资料手册就会有很多的灵感。

（三）捕捉每季的最新潮流动态

经常光顾高级品牌店面，了解流行动向，多试穿，触摸感受不同材质、款式、色彩的效果，不断提升自身对时尚的掌控能力。

（四）在成功中寻找经验

多观察生活或影视剧中的成功形象，分析搭配效果，分别从搭配细节、面料、款式以及服饰与人的关系等层面分析，不断思考自己能从这些成功的形象上学到什么。多观察不同类型人群的着装特点，了解不同社会阶层的审美趣味。

（五）从艺术作品与影视剧中积累审美经验

从经典绘画作品中得到启发，提升自身的艺术素质，从而激发创作的灵感。我们在欣赏电视节目精彩故事情节的同时，也要学会用专业设计师的眼光来评价不同服装种类，如晚会装、休闲装、职业装、运动装等之间的区别。

（六）注意整理琐碎的知识，形成系统性知识体系

在信息社会，人们对时尚资讯的汲取可以有多种途径，最快捷的来源是从网上获取，其次就是阅读期刊和专业书籍，但这些资讯大多是零散的，因此需要通过专业的理论指导，对收集的文字进行梳理，图片进行归类整理，概念进行总结提升，还需要对不同类型的专业信息进行归纳整合，并结合自身的经验付诸实施。

第三章　人物形象动态设计

第一节　不同形体设计

在人们评价自身外貌的众多因素之中，没有一个因素如形体形象这般重要。形体形象变化以及心理的影响，同时也会受到周围环境的影响。

在评价形体是否理想时，存在着生理学和文化上的美，前者是指进化而形成的自然美，后者是指符合特定文化审美标准的美。

文化标准在追求理想形体上发挥着很大的作用。在大多数社会里，身体魅力是指美丽的形体或身材。在不同的时代和文化背景下，人们对理想形体有着不同的追求，审美概念并非固定不变。根据文化标准和时代标准的不同，审美概念也会发生变化。并且，审美标准对形体形象的发展也产生了很大的影响。

一、女性形体

在任何时代，女性形体都是人们关注的焦点。不同时代对女性形体的审美标准各不相同，不同女性在相貌和形体上都有各自独特之美。一个时代所要求的理想体型促使生活在同时代的人们不断地致力于自身形体形象的塑造。通常情况下，人们的人体比例的审美标准是七个半至八个头长比例单位。

女性形体类型比男性多，按照肩宽、腰宽、臀宽可将其大体分成长方形、正三角形、倒三角形、沙漏型、菱形、圆形等六种。

（一）长方形

长方形体型的肩部、腰部、臀部和大腿部位的宽度大致相同。这类人的体重通常不在标准范围内，虽然上下身比较匀称，但缺乏曲线美。整体上，长方形体型适合塑造成带有宽松感的形象，并很自然地表现出身体的腰部和腹部。多层次服装搭配也适合此体型。还可以穿着几何形曲线样式或有纽扣、绳边等细部修饰的服装，使人们把视线往中间集中；另外，把纽扣设计的腰带扎在腰身上，可以自然地塑造出腰部的曲线；与此同时，也可以用项链、耳环、围巾等饰品，将别人的视线集中在上半身，这样都可以起到很好的修身效果。

长方形体型的特征是较窄的肩部和臀部，细腰，手臂、小腿较细，体重通常低于正常值，身形笔直又有棱角，因而显得苗条。

长方形体型适合穿可淡化消瘦感的量感服装。暖色比冷色饰品更有生气。利用服装细部（领子、口袋等）或围巾等饰品，可以把人们的目光转移到上半身。

针织品不仅保暖，其原料本身带有量感，可以让身材更加柔美。与此同时，带有垫肩设计，略微细长的针织品配上双排纽夹克，感觉更好。

（二）正三角形

正三角形体型上腰窄，下腰宽。通常是上半身小、背窄、腰细，但臀线又低又圆，加上腿短，使得下半身比较笨重。

对属于正三角形体型的人来说，最重要的是通过选择正确的服装来保持上下身的匀称。上衣可适当选择宽松但依然能保持身材的服装，色泽比下衣更亮或者带有花纹。紧身的衣服会破坏上下身的匀称感，因此应尽量避免。

挑选下装时，贴身服装能突出下身的曲线，因此最好选择厚度适当的 A 形或者喇叭形裙子，它们既宽松又可自然流露出其设计风格。在选择裤子时，线条独特且款式简单的样式比贴身样式效果更好。

(三)倒三角形

倒三角形体型肩宽,臀部和大腿相对较窄。通常是上半身较大、背宽、腰粗而短,而臀线高而扁,腿相对长且直,显得上半身比较笨重。

对于属于倒三角形体型的人来说,上衣适合选择宽松、自然下垂的简单设计,但要避免胸线处有平行皱缝和褶边之类的宽松设计。

为了最大限度地表现上衣的膨体感,同时把视线转移到中下半身,应该选择喇叭形的裙子,也可选择把衣袋等服装细部当作设计要点的宽松裤子。

(四)沙漏形

沙漏形体型肩、背、臀较宽但腰却很细,整体上看身材较匀称,但细腰显得胸围和围部比实际大。

沙漏形体型应适当缩小丰满的胸围和臀围以及纤腰三个部位之间的差异,塑造充满魅力的女性美。可以在腰部搭配宽松腰带,也可穿夹克或腰部曲线不明显的连身裙,以弥补过细的腰身,这样会使人显得神采奕奕。

(五)菱形

菱形体型与沙漏形正好相反,身体中间部位即腹部和腰部相反对于肩部和臀部而言较粗。从整体上看,胸围略小、臀部小、臀线较高、大部分体重集中在胯部和腰部之间。

对于属于菱形体型的人来说,最好不要选择有突出腰部曲线的设计或者贴身服装,应选择从上到下自然下垂的服装,或者选择厚度适中,材质较轻的多层次服装。

可用长衬衫或长T恤等服装盖住腰部,也可以穿宽松裙子、直筒裤或者喇叭裤。注意粗腰带会突显腰部,带来负面效果,可以选择将视线转移到脸部的饰品。

(六)圆形

通常圆形体型身体脂肪较多,背和臀较大和较圆,胸围、腰围、臀围、腿围等较大,身体的大部分部位因为脂肪而呈圆形。

这类体型的人可以利用直线和棱角表现轮廓，弥补因肥胖带来的笨重感。可以灵活佩戴将视线转移到脸部的饰品，通常不选亮色，而选择冷色。选择服装时建议不要选择过薄或过厚的材质。若穿着分身式的服装时，上衣和下衣在色彩上应进行对照搭配，并在腰部扎款式简单的腰带将视线转移到身体中部。尽量避开圆领、肥大袖口等设计和圆形金项链等饰品。

二、男性形体

与女性形体相比，男性形体分类比较简单，如高个、矮个、细骨架、肌肉发达或肥胖等形态。

在此，男性体型根据外观大致分为 T 形、H 形和 O 形等种。

（一）T 形

从正面看，T 形体型肩部最宽，属于倒三角形，充满男性魅力和健康美。通常，这种体型的胸围和腰围相差 18cm 以上，经常锻炼可以练成这样的身材。

只要个子不过于矮小，塑造各种形象都会非常容易。如果身材矮小，可以通过缩小肩宽弥补。还有，利用口袋饰巾或用眼镜、太阳镜等物件强调脸部，再搭配直筒裤，看上去会高大一些。此类体型不适合穿着色彩过于鲜明的套装，否则会具有很强的威慑性。此外，肥胖的 T 形体型不适合穿欧式风格的套装。

（二）H 形

H 形体型比较普遍，一般偏瘦，呈直线形。从正面看，H 形体型肩不是特别的宽，胸围和臀围成直线，一般胸围和腰围相差 15cm 左右，如果该体型的人非常瘦，会给人带来尖锐的印象。

H 形体型的人给他人的印象是富有智慧具有现代感。只要不过于瘦小，很容易塑造出各式各样的印象。偏瘦的 H 形体型穿着灰色、棕色等中间色比深色效果好，不宜选择材质过薄的服装。穿着人字、小方格等纹样的粗花呢服装具有空间感，柔和 H 形体型的人带有的锐利感。

双排扣外衣、夹克与背心一起搭配的三件式套装也适合这类体型。

（三）O形

O形体型的人身材较圆，肩部自然下垂，腰围和臀围几乎相等，过于肥胖时，其腰围可能比臀围更大。胸围和腰围相差13cm以下，颈部较短。此体型常见于缺乏运动的中老年男性。

O形体型的人给他人比较笨重的印象，应塑造充满自信和活力的形象。可以选择直线轮廓的服装，面料不宜过于柔软或轻薄。穿着套装时宜选择V领且肩部硬挺的上衣，以便塑造爽朗的形象。如果在打领带时加入凹槽，可使人显得充满活力。

穿着上下颜色相近的服装可以凸显休闲风格。对于矮个的O形体型的人来说，下装的颜色比上衣颜色深一些，看上去会高大一些。

三、形体弥补

为了弥补体型的不足，可以借助服装和饰品，也可采用把视线转移到其他部位的方法。下面介绍用服饰来弥补身体特定部位缺点的方法。

（一）颈部

颈部的长度和宽度往往是决定颈部美感的关键。首先，对于颈部又短又粗的体型来说，应选择V形领或U形领口的上衣，可以显得颈部较长。颈部带有褶边、肩部戴有肩章、高翻领上衣、又短又大的耳环以及紧贴颈部的项链等，都会增加颈部的体积感，显得沉闷。

颈部又细又长与颈部又短又粗正好相反，可通过围巾、头巾、有渐变颜色的上衣等弥补颈部过长的不足，还可佩戴有量感的饰品或穿着有量感的服装以及可选择能增添颈部量感的船领或垂褶领的上衣。

（二）肩部

肩部的宽度及其下垂程度决定肩部美感，对于肩宽的人来说应尽量避免进行肩部装饰，应将视线从肩部转移到其他部位。首先，应选择狭窄的V形或者U形领口的上衣，袖子选择落肩袖、连肩袖、蝙蝠袖等。肩宽会带给人生硬的印象，可以用厚度适当的柔滑面料的服装加以弥补，不宜选择锥形裤。

肩窄的人正好相反，形象塑造时最重要的是在肩部增添有水平效果的装饰或可增加肩部宽度的细节打扮。可选择有垫肩或有肩章装饰的上衣，肩部有厚重皱褶的服装、披肩以及泡泡袖衬衫或罩衫等都能弥补窄肩的缺陷，塑造可爱的形象，肩部下垂会使人显得缺乏自信和消极，因此应该穿着带有垫肩和小垂片装饰的上衣，如果能将视线从肩部转移到腰带或手提包上，也会达到很好的效果。

（三）手臂

手臂的问题主要集中在手臂的长度和纬度上。手比较长的人适合穿七分袖或者大袖口的衬衣和罩衫，带宽手镯。为了让他人的视线不要长时间地停留在手臂上，可以用华丽的围巾、头巾、耳环、帽子、太阳镜等饰品进行修饰，使视线上移。

相反，手比较短的人适合选择九分袖、连肩短袖或较长的袖子。插肩袖、和服袖等也可以弥补手臂短的缺陷。

粗臂或者细臂的人不应穿过于紧身的衬衣或罩衫，男性则可以通过运动塑造健美的双臂。

（四）腰部

腰部主要存在长度和围度两个问题，腰节过长会显得下肢较短；腰节较短虽然显得腿长，但上半身会显得肥胖。

腰短的人适合选择没有腰线或腰线设计较低的上衣，也可以装饰腰带加以降低腰线。如果颈部较长的话，也可以用立领之类的服装增长上体。此外，还可选择休闲的街舞裤进行搭配。

腰粗的人最好能把别人的视线从腰部转移开。可用宽领或围巾吸引目光，或用稍轻便的织物塑造多层式风格，都能弥补粗腰的缺点。腰过于细长且肚子扁扁的人适合穿没有腰线或胸围和臀围之间留有空间的服装；露于外衣的衬衣或带垫肩的短款上衣也能让人显得朝气蓬勃；佩戴饰品时，可选择粗腰带或装饰性较强的腰带。

（五）臀部

臀部的问题在于臀部是否下垂或臀部体积的大小。臀部下垂的人需要搭配耳环、项链、太阳镜等饰品提升他人视线，不适合穿过于紧身的裤子和裙子，可以用夹克、背心等稍稍盖住臀部。

臀部大的人可以穿着宽松的上衣弥补上下身的不均衡，或者用长衣盖住臀部。下身可选择穿宽松裤子或者像喇叭裙一样自然下垂的服装。相反，臀部较小的人适合穿锥形裤及前面带有皱褶、臀部有口袋装饰的裤子。

（六）腿部

腿部的问题在于腿部的长短、粗细以及弯曲度，短上衣或高腰上衣搭配与下衣颜色相近的丝袜和皮鞋会显得腿长。

腿弯或较细的人适合穿宽松的裤子和裙子，稍微有空隙的靴子效果更好。此外，斜纹软呢或灯芯绒等有厚度感的面料、大胆的格子或方格花纹的裙子或裤子、弥补细腿的腿套等物件也适合这类体型穿用。

第二节　举止形态与生活礼仪

世间美好的东西太多，但创造万物的人是最美的。爱美之心人皆有之，社会需要美，人类更需要美，人体美是人们追求的目标之一。传世之作"断臂维纳斯""大卫"等雕塑作品留给人们极深的印象，其根本原因是它们都体现了人体美。人体美是健、力、美三者的有机结合。形体美包含肌肉、骨骼的发育，机体的完善、人体的外形美及人的精神气质。

形体即人身体的形态，是指人在先天遗传和后天获得的基础上所表现出的身体形态上的相对稳定的特征，是包括人的表情、姿态和体型在内的外在形象的总和。先天遗传对形体起着决定性的作用，同时后天生活条件及科学训练也与形体有着密切的关系。后天科学的形体训练可以使个人的优点得以凸显，不足得到弥补，从而使形体变得更美。

形体由体格、体型、姿态三个方面构成：

第一，体格。体格包括人的高度（身高、坐高等）、体重、围度、宽度、长度等。其中，身高主要反映骨骼生长发育情况；体重主要反映骨骼、肌肉、脂肪等重量的综合情况；胸围则反映胸廓的大小及胸部肌肉的生长发育状况。因而身高、体重及胸围是人体形态变化的三项基本指标。

第二，体型。体型是指身体各部分的比例，如上、下身长的比例，肩宽与身高的比例，各种围度之间的比例等。体型美主要取决于骨骼组成与肌肉的状况，取决于身体各部位发展的均衡与整体和谐状况。

第三，姿态。姿态是指人坐、立、行等各种基本活动的姿势。人体的姿势是通过脊柱弯曲的程度，四肢和手、足及头的部位等体现的。姿势的正确、优美不仅能衬托、体现人的整体美，还能反映一个人的气质与精神风貌。

形体美是一种综合的美，它既包含了人体外表形状、轮廓的美，又包含了人体在各种活动中表现出来的体态美，即健壮的体格、完美的体型、优美的姿态互相融合，从而展现出来的和谐的整体美。

一、举止仪态修饰

仪者，状貌之称也，即躯体之形与容貌之状；态者，情和状也，即外在之状与内在之质。仪态是一个人精神面貌的外观体现，是人的姿势、表情、风度的总称，是人体与形态、静与动相结合而给他人留下的综合印象。

仪态是人的社会礼仪的重要形象。强调形象设计中对仪态的修饰，是社会礼仪最基本的要求。

（一）形体姿势的修饰

姿势是人仪态的重要组成部分，是指人体在空间中活动和变化的样式。优美的姿势并非天生，需要靠平时多加练习才能形成。

狭义上认为形体训练是形体美训练；广义上则认为只要有形体动作

的训练都可以叫作形体训练。形体训练主要通过舒展优美的舞蹈基础练习，塑造人们优美的体态，培养高雅的气质，纠正生活中不正确的姿态。

形体训练是以人体科学为基础的形体动作训练，是以改变练习者形体动作的原始状态、增强可塑性为目的的形体素质的基本训练，是以提高练习者形体的灵活性和艺术表现力为目的的形体技巧训练。它既注重外在美的训练，又注重内在美的情操培养，形体训练是一个有目的、有计划、有组织的改造过程。练习者在旋律优美的乐曲伴奏下，进行经常性的形体艺术训练，会使身心得到全面发展，不仅能获得健康美，还能获得体形美、姿态美和气质美，使形体更富有艺术魅力。

人体的基本姿态包括站姿、坐姿、走姿、蹲姿等，当这些基本姿态呈现在人们面前时，会给人不同的感觉，如身体形态端庄、挺拔与高雅会给人以赏心悦目的美感。古语云："站如松，坐如钟，行如风。"人们在日常工作和生活中的各种姿态正确与否，直接影响人们的工作和生活质量的高低，良好的姿态展现的是个人的内在修养和综合素质。

（二）姿态训练

1. 站姿训练

站姿是人的静态造型动作，优美、典雅的站姿是发展人的不同动态美的基础和起点。优美的站姿能显示个人的自信，衬托出美好的气质和风度，并给他人留下美好的印象。

优美的站姿应该端庄大方、舒展得体。站立时，应保持身体直立，重心落于双脚，头正颈直，两臂自然下垂或在身体前或后交叉，双肩水平。

常见的几种站姿如下：

①垂手式。正步站姿，头正、肩平、胸挺直、腿并直，身体重心要支撑于脚掌上，从侧面看，头部、肩部、上体与下肢应保持在一条垂直线上。

②握手式。双脚八字步或丁字步站立，双手虎口相交叠放于腰际，

拇指可以顶到肚脐处,手指伸直但不要外翘。

③背手式。双脚平行不超过肩宽,双手在背后腰际相握,左手握住右手手腕或右手握住左手手腕。

2. 坐姿训练

坐姿在日常社交生活中持续时间最长。"坐如钟"是指要坐得稳重、端正。上体自然坐直,两腿自然弯曲,双脚平落地上并拢或交叠,双膝自然收拢。女性一般由椅子左边入座,再从椅子左边起身站立。两手分别放在膝上(女士双手可叠放在左膝或右膝上),双目平视,下颌微收,面带微笑。女士若穿裙装入座时应先背对着自己的座椅站立,右脚后撤,使右小腿确认椅子的位置,再整理裙摆,将裙子后提向前拢一下然后随势轻轻坐下,入座后两个膝盖一定要并齐,双脚也要并齐。

常见的几种坐姿如下:

①并步。并步坐姿属于基本坐姿,抬头收颌、挺胸收肩,两臂自然弯曲,两手交叉叠放在偏左腿或偏右腿的地方,并靠近小腹部位,两膝并拢,小腿垂直于地面,两脚尖朝正前方。

②侧点式。两小腿向右斜出,两膝并拢,右脚跟靠拢左脚内侧,右脚掌着地,左脚尖着地,头和身躯向右斜。

③侧挂式。在侧点式坐姿基础上,右小腿后屈,脚绷直,脚掌内侧着地,左脚提起,用脚面贴住右脚踝,膝和小腿并拢,上身左转。

④重叠式。在并步坐姿基础上,腿向前,一条腿提起,腿窝落在另一条腿的膝关节上边。

3. 走姿训练

"行如风"即指行走要优雅、轻盈、有节奏感。保持身体正直,收腹挺腰,两眼平视前方,双臂放松垂在身体两侧自然摆动,摆臂与身体的夹角一般在 $10°\sim15°$,脚尖微向外或向正前方伸出,跨步均匀,两脚之间相距约一只脚到一只半脚,步伐稳健,步履自然,有节奏感。起步时,身体微向前倾,身体重心落于前脚掌,行走中身体的重心要随着移动的脚步不断向前过渡,不要将重心停留在后脚并注意在前脚着地和后脚离地时伸直膝部。

4. 蹲姿训练

蹲姿在工作和生活中用得相对不多，但最容易出错。人们在拿取低处的物品或拾起落在地上的东西时，不妨使用下蹲和屈膝的动作。因此，应注意以下几点：①下蹲拾物时，应自然、得体、大方。②下蹲时，两腿合力支撑身体，避免滑倒。③下蹲时，应使头、胸、膝关节在一个角度，使蹲姿优美。④女士无论采用哪种蹲姿，都要将双腿靠紧，臀部向下。

常见的几种蹲姿如下：

①高低式蹲姿。这种蹲姿的要求是：下蹲时，双腿不并排在一起，而是左脚在前，右脚稍后。左脚应完全着地，小腿基本上垂直于地面；右脚则应脚掌着地，脚跟提起。此刻右膝低于左膝，右膝内侧可靠于左小腿的内侧，形成左膝高右膝低的姿态。臀部向下，基本上用右腿支撑身体。

②交叉式蹲姿。交叉式蹲姿通常适用于女性，尤其是穿短裙的女性，它的特点是造型优美、典雅。基本特征是蹲下后双腿交叉在一起。这种蹲姿的要求是：下蹲时，右脚在前，左脚在后，右小腿垂直于地面，全脚着地，右腿在上，左腿在下，二者交叉重叠；左膝由后下方伸向右侧，左脚跟抬起，并且脚掌着地；两脚合力支撑身体；上身略向前倾，臀部朝下。

③半蹲式蹲姿。一般是在行走时临时采用。它的正式程度不及前两种蹲姿，在需要应急时采用。基本特征是身体半立半蹲。主要要求是在下蹲时，上身稍许弯下，但不要和下肢构成直角或锐角；臀部务必向下，而不是撅起；双膝略为弯曲，角度一般为钝角；身体的重心应放在一条腿上；两腿之间的距离不宜过大。

④半跪式蹲姿。半跪式蹲姿双腿一蹲一跪，又称为单跪式蹲姿。它也是一种非正式蹲姿，多用在下蹲时间较长，或为了用力方便时的情况中。主要要求是在下蹲后，改为一腿单膝点地，臀部坐在脚跟上，以脚

尖着地。另外一条腿应当全脚着地，小腿垂直于地面。双膝应同时向外，双腿应尽力靠拢。

二、生活社交礼仪

（一）一般生活礼仪

礼仪可以理解为礼节和仪式，也可以理解为一种独特的习惯和品行。礼仪基本的理念在于尊重对方，要让对方舒心。要想建立良好的人际关系，必须讲究礼仪，它是人们最为宝贵的财富。只有通过反复地练习礼仪，才能最终使之成为一种习惯。

日常生活中，人们为了各自的愿望和目的相互接触，相互了解，彼此都需要有一个友好祥和的环境。日常礼仪除了个人仪表、仪态等方面的修饰外，还包括个人在日常生活中各种场合的礼仪规范。公共场合与探亲问候等各种日常活动中，应注意的一些行为规范，即可以称为一般礼仪或生活礼仪。

1. 问候礼仪

问候分为日常问候、节日问候和特殊问候三种类型。日常问候指亲朋好友在日常生活中相互致意，如"早上好""一路顺风"等，既能体现自己善意的问候，也能给别人以良好的祝愿。节日问候的方式依照具体情况可以有所不同，例如，我国的春节、元宵节、教师节等，打个电话或者发条短信、寄张贺卡等都属于节日的美好祝福。特殊问候是指在婚、丧、嫁、娶等情况下，亲朋好友或熟识的人们之间相互致意。有了喜事，高兴地与人分享；遭遇不幸，亲友的问候会使人倍感温暖。

2. 尊重礼仪

人际交往中，尊重别人才会受到别人的尊重。人与人是平等的，尊重别人就是尊重自己，相互尊重是一切交往的基础。夫妻之间、父子之间、朋友之间等都应相互尊重、相互理解、相互信任。心理学研究表明，任何人在正常情况下，都有积极的、奋发向上的、自我肯定的潜力，所以，任何人都应该被别人理解和尊重。尊重别人，以心换心，以自己的真诚去善待别人，只有人人都这样想这样做，才能创造一个良好的交际氛围。

(1) 自我形象修饰

对自我形象进行修饰是赢得别人尊重的前提和基础，只有懂得怎么尊重自己，不断修饰自己、完善自己的人才会受到他人的尊重。

(2) 礼貌待人

礼貌是一个人在言谈举止和交往中体现出的对他人的尊重。所以，每个人都应该规范自己的言行，礼貌对待他人。

(3) 助人为乐、真诚善良

人与人交往应真诚善良，助人为乐、尊师、敬老、爱幼、关心社会，关心他人，始终善待别人，尊重所有人，在助人中体现良好的道德品质。

(二) 一般社交礼仪

社会交往是现代生活的重要内容之一。一个人有无社会交往能力，是衡量一个人是否具有适应开放性生活能力的标志之一。在社交中，人与人之间的关系会发生相对的变化，即通过交往彼此可能成为朋友，其中的关键在于双方的信任和坦诚。一般社交礼仪主要有求职礼仪、工作礼仪、接待礼仪、用餐礼仪、旅行礼仪等。

1. 求职礼仪

一个人求职成功与否是与其自身的礼仪修养以及其对求职礼仪的实施情况密切相关的。求职是否能成功，关键在于自我介绍和面试过程中的表现，这个过程就是求职礼仪实施的具体过程，也是自我推销的过程。在这一过程中，如何将自己最佳的形象展示给面试官，给他们留下良好的第一印象是讲究求职礼仪的主要目的。那么在求职中人们如何才更好地推销自己，具体分为以下几个方面。

(1) 外表形象修饰

外表形象的修饰要突出自身的个性、特点和妆容，要根据职业选择合适的工作装，突出自己在未来职业中的形象。

(2) 自我介绍

应聘前,应做好充分准备,可以选择书面推荐,也可口述简历。自我介绍除了添加自己的学习简历、工作简历,还要重点介绍自己与应聘专业相关的学历和研究成果,突出自己的优势和特长。不仅如此,还要提出自己的见解,若不了解该行业或对该行业所知甚少,就应该实事求是。口头自我介绍时间不宜太长,要切实坚定自己的信心,以简朴但足以给人留下强烈印象的语言流畅地表达。

(3) 礼貌结束

面试结束时,应当及时起立,礼貌告别,面带微笑与人握手,表示感谢。还应表示这次面试收获很大,学习了很多知识,十分愉快。亦可询问如何等待面试结果,以表示自己对求得该份工作的诚意。

2. 工作礼仪

工作礼仪是人们在工作中应该共同遵守的行为规范。遵守工作礼仪既有利于彼此友善,互致方便,共同创造和谐融洽的工作环境,也有利于工作人员的身心健康,提高工作效率。

(1) 握手礼仪

握手可以用来表示尊敬和亲密关系。在不同的场合下,应采取适当的握手方法。根据礼节,握手的礼仪顺序一般是先女性后男性、先年长后年少、先长辈后晚辈、先已婚后未婚、先上司后下属等。

(2) 交换名片礼仪

名片是个人身份的象征,因此交换名片时的礼仪非常重要。名片要保持干净整洁,数量必须充足。男性可以把名片放进西服或衬衫的上衣口袋内,女性则可以将名片放进手提包里。交换名片之前,首先应做简短的自我介绍,然后再递送名片。晚辈应该首先递给长辈,或者下级应首先递给上级。

3. 接待礼仪

社交交往中,接待工作相当频繁,不同规格和不同层次的接待工作有其不同的接待礼仪,但基本要求是一致的。

行礼是向对方敞开心扉的具体表现动作,包括欢迎、感谢、祝愿、关心、担忧等。行礼既是人格的体现,也是人际关系初始阶段常使用的一种礼仪。因此,行礼要怀着真诚的心。根据场合不同,行礼分为点头礼、普通礼、庄重礼三种。点头礼属于轻便的行礼,适用于经常碰面、在过道或室内狭窄的地方相遇以及让别人等待等场合。普通礼属于一般的行礼,庄重礼用于迎接客人、致谢、道歉等场合,表达的含义更加庄重。

正确的行礼方法:行礼时需要摆正姿势,注视对方的眼睛并面带微笑。同时,双腿立正,上身略向前倾45°~75°。身体自腰部开始倾斜,双手自然地放在裤子两侧。行礼时需要按照三个步骤进行:第一,弯腰;第二,在保持弯腰姿势约1秒时说"您好";第三,行礼。根据场合的不同,有必要变换问候语。行礼时间最好保持在3秒钟左右。在晚辈行礼之后,长辈应该点头示意。

4. 用餐礼仪

用餐礼仪可以表现一个人的教养。在招待客人就餐或者被邀请就餐时,人们只需要花费一点精力练习用餐礼仪,就可以使自己在就餐时充满魅力。主人负责安排座席顺序,男性应该坐在女性的左侧,女主人应正对男主人,男女宾客应该交叉,夫妇也要分开坐。对于重要的宾客,应安排在主人右侧就座。

在餐厅就餐,客人不要主动搬移餐具,而应按照服务员摆放的方式就餐,如果感觉放进嘴里的食物不妥,应尽量悄悄地离开餐桌,移步别处处理。如果需要离席,先说一句"不好意思,失陪一下",再安静地离开。

5. 旅行礼仪

随着国际化时代的到来,人们到国外旅行、留学的机会不断增多。不同的文化背景下,人们有着不同的行为习惯。因此,只有掌握所到之处的礼仪,才能与人进行良好的交流。

社交不仅是有益的活动,同时也是一门艺术,需要多方面的修养和能力，需要懂得各种约定俗成的礼仪和社交中的道德原则，只有这样，社交活动才能向健康文明、益于身心、有利于社会进步的方向发展。

日常社交礼仪是国与国之间、民与民之间交往时最起码的礼貌与态度。讲究文明礼貌礼仪，反映的是一个国家精神文明和民族修养的层次。整体形象的设计塑造与包装也是衡量设计者道德水准高低尺度。因此，每一个人，特别是形象设计师，必须十分注重对礼貌礼节知识的学习。

第三节 语言表情训练

语言是人类区别于其他动物的本质特征之一，是人类最主要的交流工具，是人思想的直接表达。文明用语是社交语言中最重要的一个原则，是社交口语中的主旋律。要完善自我形象，烘托自己良好的品质，使自己受到别人的尊重，使他人对自己产生好感，使社交成功，文明用语是必不可少的条件。

文明用语是一个人在指整个交往谈话过程中都在使用最得体、最文明的语言，经过语言的交流不仅可使对方觉得这个人有良好口才，还能反映这个人良好的内在教养及品位层次。

一、语言美化修饰

（一）声音

充满魅力的声音是赢得对方好感的要素之一。如今电话的使用越来越频繁，手机也已经大众化，说话的声音变得越来越重要，仅仅通过电话里的声音也能判定对方留给自己的第一印象。拥有能赢得对方好感的声音，仅此一点就能赋予声音所有者很大的优势。即便没有与生俱来的魅力声音，也可以通过自身不断努力，发出能够赢得对方好感并充满自信的声音。首先，挺胸、收腹，做正确的发声练习姿势，按照正确有效的方法进行发声练习。其次，声音容积和调门能够传递出不同的内容，因此人们需要有效地进行各种发声练习,以便在不同场合使用。另外,还要把感触融入声音之中,进行充满活力和自信的发声练习。通过训练,不仅能发出充满魅力的声音,言谈间也会充满自信,并给对方以信任,从而在社会生活中获得他人的肯定。

(二) 微笑

微笑是无声的语言礼仪,是最有力的武器。面部是人体最具表演力的部位,人们的面部有80多块肌肉,可以做出7000余种表情。通过面部表情,人们既可以表达自己内心的想法,也可以用来判断他人的心思。只有具有良好的心态和教养并富有品位的人才能表现出理想的面部表情。在决定第一印象的众多要素中,外貌占80%、声音占13%、人格占7%。不难看出,外貌在决定第一印象中起着很大的作用。人们常说,外貌的核心在于面部,而微笑是赢得对方好感的重要因素。

微笑能让人敞开心扉,有利于促成人与人之间的合作,懂得微笑的人也会变得积极并充满活力。柔和的面部表情能展示个人魅力,为构建良好的人际关系打下基础。

(三) 寒暄

寒暄就是嘘寒问暖的意思。寒暄要带给对方关心、亲切、温暖之情,在与人见面时,寒暄是友谊的桥梁,尤其是初次相识的人们进行愉快交谈的重要环节。寒暄的方式应根据时间、场合和对方的角色来定。

寒暄根据不同目的还有不同的方式,除了一般的招呼外还可引导话题,有交流感情和扩大社交范围等作用。寒暄除了可以用文明用语外,还可以根据环境进行不同选择,如访问时先说"打扰了""希望多多见谅"等。

(四) 交谈

交谈最能表现一个人的文化素质与修养。因此,交谈时要注视对方的眼睛,并不断点头以表示在认真倾听;即使观点不同也要点头示意,待别人说完,再陈述己见;交谈过程中要保持微笑,声音也要悦耳动听。

(五) 待客

待客的关键在于真诚。邀请朋友要事先做好准备，将房子收拾干净，穿着要整齐，提前买好水果、饮料。与朋友交往要热情，交谈时，根据客人喜好引导话题，使气氛融洽、活跃、自然。

二、表情美化修饰

表情主要是通过面部的颜色、光泽，肌肉的收缩与舒展，纹路的变化，眉、眼、嘴、鼻的动作以及它们的综合运动所反映出的人的心理活动和情感信息。表情既是一个人内心体验的外在表现，反映人的喜、怒、哀、乐等内心世界；也是人传达情感的一种信息，用以表达对人对事的一种态度。表情既是人们交往中的一种无声语言，也是整体形象的一个重要组成部分，表情与容貌、姿势、风度共同构成人的仪表仪态。

(一) 表情传达器官及表达方式

1. 面部色彩

人可以通过心理活动过程和面部毛细血管的开放收缩调节面部的色彩，面部充血、两颊泛红既可以表现人的害羞，也可以表现人的激动或冲动。

2. 表情肌肉的收缩和舒展

人的面部表情的变化都是在大脑的指挥下，通过面部各种肌肉的收缩和舒展引起复杂的动作变化实现的。面部参与表达情感变化的肌肉叫作表情肌肉，表情肌肉大多群集于口、鼻、眼、耳的周围，其收缩时引起皮肤的移动，于是显示出面部表情的千姿百态。

(二) 表情训练

有人说眼睛是人的内心世界的一面镜子，其实面容是一个整体，表情以其最灵敏的特点，反映人的各种复杂变化的内心世界，如痛苦、高兴、失望等心态情绪及其变化。心理学研究表明，表情这一无声语言所显示出的人的心理活动信息要比声音多得多、深刻得多。

1. 把握关键"七秒钟"

心理专家研究表明，陌生人相见，在最初的七秒钟内，会情不自禁地用眼睛、面容和态度表达自己的真正感觉，因此，这七秒钟内的表情语言和姿势，都能影响到别人对自己的看法。要把握好这重要的七秒钟，首先要有所准备，整理好思绪，尽快作些必要的心理调整，了解交往的目的。然后在与人交谈时要大方且放松，随和并投入，要使自己尽快融入当时的氛围之中，专注于别人的谈吐，而自己要少说话。说话时要注意音质、声调、节奏和音量，吐字要清晰，面部表情要诚恳、友善，眼睛要表现得专注而有神，要率真自然、充满自信、举止文雅、表现得体。

2. 眉目传真情

眉目配合可向别人表达自己内心的情感，尤其是眼神，不仅能直接把人的内心情绪传达出来，而且能把人的深层心理情感通过目光的变化反映出来。不同眼神代表不同含义，炯炯有神的眼神寓意着人的正直无私；坚毅的眼神则预示着自强自信。恰到好处的眼神应当和善尊敬、真诚热情、明澈坦荡、炯炯有神，交往中运用眉目传情的技巧，可让他人对自己产生较好的印象。

因此，表情是人心理活动的最灵敏的指标，是人情绪变化的透视墙，对人整体形象的塑造极其重要；并且是观察审视他人内心世界、了解他人心理活动或社交意图的重要标准。

第四章 色彩的基础知识

第一节 色彩的形成与分类

人们生活的世界是一个五光十色的彩色世界,色彩的形成并不是人们想象的那么简单,它是经历了多次转化才形成的。人们所看到的色彩一般分为有彩色和无彩色,这些色彩混合后还会形成更多的色彩。每一种色彩都具有色相、明度、纯度等属性,它们之间的搭配组合更有着科学性与技巧性。

一、色彩的形成与定义

色彩存在于人们日常生活的各个方面,如衣、食、住、行、用等,人们几乎处处、时时都在与色彩发生着密切的关系。总的来说,色彩是由光线刺激眼睛所产生的视觉现象,没有光线就没有色彩。所以光源是色彩形成的第一要素,光源可以是太阳光的自然光源,也可以是灯光等照明设备发出的人造光源。当光线照射到物体上,物体吸收了部分光,而反射出来的光线传到人们的眼睛后,视觉神经再将这种刺激反馈给大脑的视觉中枢,便让人们看到了物体和颜色。所以,色彩是与人的感觉(外界的刺激)和人的知觉(记忆、联想、对比等)联系在一起的。人的色彩感觉信息传输的途径依次为光源、有色物体、眼睛、大脑,这四个途径也就是人们色彩感觉形成的四大要素。

色彩是除了空间和时间的不均匀性以外的光的一种特征,即光的辐射刺激人的视网膜,使观察者通过视觉而获得的景象。色是光作用于人眼引起除形象以外的视觉特性。可以看出,色彩是一种物理刺激作用于人眼的视觉特性，而人的视觉特性是受大脑支配的，也是一种心理反应。所以，色彩感觉不仅与物体本来的颜色特性有关，而且还受时间、空间、外表状态以及该物体的周围环境的影响，同时还受个人的经历、记忆力、看法和视觉灵敏度等各种因素的影响。

二、色彩的分类

据科学研究，人的肉眼可以分辨出的颜色多达几百万种，若要细分它们的差别或对每种色彩进行命名是十分困难的。因此，色彩学家对色彩进行了不同的分类，以便人们更好地学习与研究。

第一类是有彩色。1666年，牛顿用一个三棱镜将太阳光分解成红、橙、黄、绿、青、蓝、紫七种色彩，这七色即是太阳光谱中的可见光，也就是人们俗称的有彩色或基本色。在有彩色中，红、黄、蓝是三原色，称为"母色"或第一次色，这是因为所有其他的颜色都可以由红、黄、蓝三种颜色两两相加而形成，但红、黄、蓝三色却不能由别的颜色混合得出，基本色之间不同量的混合以及基本色与黑、白、灰三色之间不同量的混合会产生成千上万种有彩色。

第二类是无彩色。无彩色包括黑、白、灰三类色彩。黑色和白色是唯一的，但是灰色却有多种色阶（或称色度差）。黑、白、灰是从光的色谱上见不到的颜色，然而在心理学上它们却有着完整的色彩性质，在色彩体系中扮演着重要的角色，在颜料中也有其重要的任务。例如当一种颜料加入白色后，会变得明亮；相反，加入黑色后就变得比较深暗；而加入黑与白混合的灰色时，将失去原有的鲜艳度。

除此之外，还有一类色彩，如金色、银色，它们带有金属的光泽，独立于有彩色与无彩色之外，所以也被称为独立色彩或金银色系。

第二节 色彩的基本属性

色彩的基本属性包括色彩的要素色相、明度、纯度以及相关色立体：(孟赛尔色立体，奥斯特瓦德色立体)。

一、色相

色相是指色彩所表现出的一种相貌，也是色彩命名的标准。色相是色彩属性中最积极、最活跃的因素，它由不同波长的光波引起视觉的感受而形成，将这种感受赋予名称的表达，就有了红、绿、蓝等色名。最初的基本色相为红、橙、黄、绿、蓝、紫，其中红、黄、蓝为三原色，它们两两相加即成为橙色、绿色、紫色，俗称三间色（或称第二次色）。在红色与紫色的各色中间插入1～2个中间色，按色谱顺序排列，则色相分别为红、红橙、橙、黄橙、黄、黄绿、绿、蓝绿、蓝、蓝紫、紫、红紫，即形成十二个基本色相。这十二色相的变化，在光谱色感上是均匀的。如果进一步再找出其中间色，便可以得到二十四色相、三十六色相。

二、明度

明度，顾名思义是指色彩的明暗程度。每一种物体由于它们表面反射光量的差别，因而其色彩的明暗强弱程度也不同，这就是明度最好的体现。色彩的明度通常有两种情况：一是同一色相的不同明度。例如，同一颜色在强光照射下显得明亮，在弱光照射下则显得较灰暗模糊；同一颜色加黑则明度降低，加白则明度升高。二是各种颜色的不同明度。每一种纯色（基本色）都有与其相对应的明度。在有彩色中，黄色明度最高，蓝紫色明度最低，红色、绿色的明度适中。明度在色彩的属性中起着重要的作用，它能表现色彩的明暗层次变化，还能有效地表达物体的空间感、立体感和光影特征。

三、纯度

纯度又称彩度、饱和度，是指色彩的纯净程度，它表示颜色中所含有色彩成分的比例。有色彩成分的比例越大，则纯度越高；比例越小，则纯度越低。当一种颜色加入黑色或白色时，此色彩的明度会发生变化，纯度同样也会发生变化。也就是说，色彩的明度变化往往影响到纯度变化。例如红色加入黑色以后明度降低了，同时纯度也就降低了；如果红色加白色，明度虽然提高了，而纯度却降低了。同时，一个纯色加入另一个纯色，其纯度也会降低。例如红色加入蓝色，变成了紫色，其色相发生改变，纯度降低；而红色加入绿色后（绿色是对比色），会变成暗灰色，此时纯度大大降低，显示不出之前任何一个色彩的影子了。

色相、明度、纯度是色彩学中最重要的属性，也称为色彩的三要素或三属性，这三种要素虽有相对独立的特点，但又相互关联、相互制约、不可分割，只有色相而无纯度和明度的色彩是不存在的；同样，只有纯度而无色相和明度的色彩也是不可能的。因此，在认识和应用色彩时，必须同时考虑色彩的三个要素和它们之间的关系。值得注意的是，黑、白、灰等无彩色系没有色相和纯度，只有明度的变化，但它们可以左右其他有彩色的纯度变化。有彩色与黑、白、灰等色系按不同比例调配出的色彩仍属有彩色，它们都极大地丰富着有彩色系的色彩范围和层次变化。

在色彩学中，还有一个常用的名词，即色调。色调是指整体色彩外观的重要特征和基本倾向。色调由色彩的明度、色相、纯度三要素综合构成，其中某种因素起主导作用，就可以称为某种色调。从色相上分，有红色调、绿色调、蓝色调等；从明度上分，有明色调、暗色调等；从纯度上分，有鲜色调、灰色调、浊色调等；从色彩的冷暖倾向分，有暖色调、冷色调。色调在色彩设计中具有重要的作用，它往往能决定一个设计的主题和情感。如以中国风格为主题的形象色彩设计，其色调大多为红色调。由此可见，色调还与一个国家、民族的人文环境和色彩喜好分不开。

四、色立体

色立体是展示色彩的色相、明度、纯度概念及其匹配关系的三维集合模具。色立体能够准确、全面、系统地表达每一个色彩的色相、明度、纯度及其相互关系,为人们认识、应用色彩提供了极其便利的条件,常用的色立体有蒙赛尔色立体、奥斯特瓦德色立体。

蒙赛尔色立体是目前世界上广泛应用的颜色系统,这一系统包括"表色方法"和"标准色度卡"。蒙赛尔色立体是一个非对称旋转体,其内部有一根中央轴,为明度轴,它在底盘位置的明度为 0,代表黑色;在顶端位置的明度为 100,代表白色;此二者位置的中间则均分为 10 份。沿明度轴往上明度渐高,以白色为顶点;往下明度渐低,直到黑色为止。而由明度轴向外延伸的是水平方向的纯度色阶,愈接近明度轴,纯度愈低,愈远离明度轴,纯度愈高,各明度色阶都由同明度的纯度色阶向外延伸,从而构成某一种色相的等色相面。而色相环则可以看作是色立体最外层的截面图,即把光谱中的红、橙、黄、绿、蓝、紫等色彩进行首尾相连,以环行形式排列。色相环随着颜色的不断插入可以成倍地增加,如前面所说的十二色色相环、二十四色色相环、三十六色色相环等,色立体和色相环对于色彩的研究和应用都具有重要的价值。

第三节　个人色彩理论

每个人自出生之日起就与色彩相伴,如肤色、毛发色、眼珠色等,这些色彩随着个体的不同会呈现出不同的特点,它是人们进行化妆造型与服饰搭配的重要依据。换句话说,一个人的个人色彩能决定其穿什么颜色衣服好看或穿什么颜色衣服不好看。了解人体色彩的类型、规律,并合理地进行人体色彩的诊断与分析非常重要。

一、人体色彩构成

"人体色"是指人体外表所呈现出来的色彩状态,它包括皮肤色、毛发色、眼珠色等。不同种族和地域的人,在人体色上都存在着一定的差异,这些都是进行个人形象设计与服饰色彩搭配的基础。

(一) 肤色

人的肤色呈现肉红色，它由三种色素组成：血红素、核黄素和黑色素。血红素使皮肤呈现红色，核黄素使皮肤呈现黄色，黑色素使皮肤呈现茶色，其中血色素、核黄素决定了一个人肤色的冷暖，而黑色素决定了一个人肤色的深浅明暗。人们的眼珠色、毛发色等身体色特征都是因体内的这三种色素的不同组合而呈现出来的结果。但是不同民族、不同地域的人皮肤色感不同。

要想判别自己的肤色属于冷肤色还是暖肤色，可以在白天自然光条件下（不要直接照射），穿着白色衣服，用白毛巾盖住头发，从镜子里观察自己脸部的肤色：若皮肤透着象牙白、金黄、褐色或金褐色的肤色底调，就称为黄基调肤色，属于暖肤色；若皮肤透着粉红、蓝青、暗紫红或灰褐色的肤色底调，就称为蓝基调肤色，属于冷肤色。还有一种肤色既不偏冷也不偏暖，呈现出中性的色彩状态，称之为中性肤色或者中间色调。女性还可以采用冷色和暖色的唇彩进行试验，如果涂上橙色的唇彩后看上去与面部肤色更协调，即为暖色调皮肤，反之，则为冷色调皮肤；如果涂上冷色或暖色的唇彩都能取得和谐的色彩搭配，则为中性肤色色调。根据种族和人群，不同的肤色还有以下不同的表现。

1. 白肤色

白肤色可以与其他任何色彩进行搭配。如与深蓝、熟褐、炭灰等低明度、低纯度色彩搭配能衬托出亮丽的肌肤，显得稳重大方；与酒红、橙黄、柠檬黄、果绿、紫红、天蓝等高明度、高纯度色彩搭配能让肤色显得均匀健康，突出年轻的感觉；与黑色搭配将凸显强烈的对比效果，极富视觉冲击力；与白色搭配则能体现出洁白、纯真的感觉。

2. 黄肤色

黄种人主要分布在亚洲东部，属蒙古利亚人种，中国人属于黄种人，肤色偏黄。黄肤色在明度和纯度中表现适中，与黑头发、黑眼睛的色调都能形成一定的对比关系。黄肤色也存在偏冷和偏暖两种类型。偏暖色的黄肤色适合与暖色调进行搭配，如明度较高的米黄色、红橙色系列。但偏暖色的黄肤色适用的色调面较小,尤其对明度、纯度较高的暖色调应慎重运用;偏冷色的黄肤色选择余地相对较大,适合明度和纯度不同的色彩,尤其与明度较低或纯度较高的冷色系列搭配别具魅力。黄肤色搭配明度、纯度不同的蓝紫色系列,能产生一定的对比效果,可提亮肤色,但是注意搭配的冷色面积不宜过大,且要有呼应色出现。

3. 黑肤色

对黑肤色人群而言,化妆和服装色彩的选择余地较大,和白肤色人群一样,不同明度、纯度的色彩,甚至无彩色均适合黑肤色人的搭配。但在具体运用中,白肤色人与黑肤色人各有不同侧重点,如果白肤色与低明度、低纯度搭配更能出彩,那么黑肤色人群就适合高明度、高纯度的色彩。黑肤色最适合与纯度高的鲜亮服饰和化妆色彩搭配,如大红、鲜绿、嫩黄等,这样的搭配既体现出明度与纯度对比,又能散发出热情奔放的气息。事实上非洲的服饰色彩大多也属此类颜色。此外,黑肤色和白色服装搭配更能显出与众不同的个性风采。

(二)毛发色

所谓毛发色彩就是人体所生长的头发及体毛的颜色,一般情况下,毛发色可分为头发色彩、眉毛色彩、睫毛色彩等。

1. 头发色彩

通常情况下所说的头发色彩是指一个人出生以来就具有的发色,也称为自然发色,自然发色根据人种的不同可以分为黑色、金黄色、红褐色、银灰色等。头发之所以会有不同的颜色呈现,是因为头发内黑色素分布的种类和数量不同所致。黑色素细胞数量多、密度大,头发就呈现黑色;反之头发颜色则浅淡,在日光下会呈现不同的色泽。中国人属于黄种人,其发色以黑发为主;欧洲人等白种人发色比较浅淡,如金黄色、棕黄色、银白色等;而黑种人的发色较深,以灰黑色、红棕色、深棕色为主。不同的发色对于形象的色彩搭配起着重要的作用,但随着科技的进步,染发技术也不断进步,许多人不再满足固有的发色,而是通过染色来改变原有的发色,让自己能适合更多的服饰和化妆色彩,这也就是俗称的人工发色，即染发。

2. 睫毛与眉毛色彩

眼睛是面部的视觉焦点，睫毛和眉毛是面部化妆的重要部位。眉毛色与睫毛色虽然面积较小，但在某种程度上却能影响着人物面部肌肤的色彩印象。眉毛色与睫毛色也和个人的种族和生长环境有关，如有的人眉毛色、睫毛色偏棕色，有的人眉毛色、睫毛色偏灰黑色，有的人眉毛、睫毛色彩深，有的人眉毛、睫毛色彩浅淡。在一般情况下，如果眉毛和睫毛的颜色较深，可以穿着深浅色对比较强的服装，这样能与眉毛、睫毛、肤色的色彩节奏感相呼应，让人的肤色显得白皙；反之，如果眉毛和睫毛的颜色较浅，就可以穿着浅色的服装，使人的肤色显得温和淡雅。值得注意的是，在化妆时，眉毛的色调应与头发颜色（包括染色）相近，这样才能取得和谐一致的美感。

（三）眼珠色

眼珠色也是人体色的重要组成部分，眼珠色实际上就是虹膜的颜色，即瞳孔周边一圈放射状的圆环色彩。因为虹膜上色素的不同，人们的眼睛才会呈现不同的色彩，如棕色、绿色、蓝色等。虹膜色素细胞中所含的色素越多，虹膜的颜色就越深，而所含的色素越少，虹膜的颜色就越浅。东方人是有色人种，虹膜中色素含量较多，所以眼珠看上去呈焦茶色、黑褐色；西方人是白色人种，虹膜中色素含量较少，所以眼珠多呈现出湖蓝色、碧绿色、浅棕色等。一般来说，因为眼珠距离头发近，所以它的色彩会影响到头发和眉毛的颜色，也是眉毛描画和头发染色的依据，因此在染发时尽量选择与眼珠色相近的色彩。

二、四季色彩理论

这个理论的重要内容就是把生活中的常用色按基调的不同进行冷暖划分，形成四大组自成和谐关系的色彩群，由于每一大色彩群的颜色刚好与大自然四个季节的色彩特征相吻合，因此，便把这四组色彩群分别命名为"春""夏""秋""冬"四季色彩。其中春、秋季色为暖色系，夏、冬季色为冷色系。四季色彩理论体系对于每类人群的肤色、发色和眼珠色等色彩属性进行了科学分析，总结出冷、暖色系的人体色特征，并按色彩的色相、明度和纯度把人区分为四大类型，即春季型人、夏季型人、秋季型人、冬季型人，并为这些不同色彩季节的人群找到了最适宜的形象色彩设计与搭配。

那么如何找到自己正确的季节色彩呢？"四季色彩理论"以色布作为诊断的工具，即要求被诊断者坐在化妆镜前，首先，观察其肤色、发色、瞳孔色等显性因素，然后用春、夏、秋、冬四个季节的多块色布分别放在被测者的上半身，一块一块进行测试，若是被测者的肤色在某一组（一类）色布中表现明亮、柔和，让肤色显得更好，那么这一组（一类）色布就是该被测者适合的季节色彩。其次，通过与该类色布相似的眼影、唇膏、腮红、丝巾等色彩为被测者进行化妆造型，进一步验证与完善她的个人色彩诊断。最后，为被测者提供合适的服饰色彩设计、风格搭配设计、妆面色彩设计等规律与方法，形成科学的个人色彩诊断报告。

通过这一色彩诊断出来的人群具有如下特点：春季型女性有着暖而较浅的色彩，其季节色彩群中充满着柔和与较亮的暖色，亮色系与黄色调的搭配非常适合春季型女性；夏季型女性有着冷而较浅的色彩，其季节色彩群中以冷而柔的色彩为主，中度蓝色与粉色的搭配比较适合夏季型女性；秋季型女性有着暖而较浓郁的色彩，其季节色彩群由柔和或强烈的暖棕色色调组成，金黄色与苔绿色的搭配最适合秋季型女性；冬季型女性有着冷而较深的色彩，其季节色彩群中以冷而清晰的色彩为主，各种纯色调、冷鲜艳色都是冬季型女性最好的用色。

四季型人的具体色彩特征和色彩选择如下。

（一）春季型

1. 春季型人色彩特征

春季是万物复苏的季节，阳光明媚、百花盛开、生机盎然，树木的嫩芽透露着明亮的黄绿色，鲜花姹紫嫣红，还有烟波浩渺的湖水和绿草茵茵的青山，大自然中的一切都显得那么的阳光、活泼，富有青春的气息。正如春季给人的印象一样，春季型人与大自然的春天有着完美和谐的统一，她们有着明亮的眼眸与光滑纤细的皮肤，神情充满朝气。

①肤色：浅象牙色、暖米色、粉色，肤质细腻，具有透明感。脸颊呈现珊瑚粉色、鲑鱼肉色，带有桃粉色的红晕。

②眼睛：像玻璃球一样熠熠闪光、眼珠呈现亮茶色、黄玉色，眼白呈现湖蓝色，瞳孔为棕色。

③发色：明亮的茶色、柔和的棕黄色、浅棕色、栗色，发质柔软。

④嘴唇：呈珊瑚红色、桃红色，自然唇色较为突出。

2. 春季型人色彩选择

春季型人是暖色系人的代表，适合以黄色为基调的各种明亮、鲜艳和轻快的颜色。

①服装：奶黄色、橘红色、桃粉色、浅驼色、浅杏色、黄绿色、草绿色、亮蓝色等都是春季型人的最佳服饰用色。

②发色：以金黄、淡橘红、浅褐色或中褐色为主，带有一点金橙色、蜜红色。染发时要注意保留其基本色，色泽宜清柔鲜亮。

③妆色：粉底宜选用浅象牙色、亮肤色；眼线可选择浅咖啡色；眼影适合选用浅珊瑚色、金色、浅草绿色等；口红、腮红可选用杏红、橙红、淡砖红等。

④警示：避免使用过冷、过暗和老旧的色调。

(二) 夏季型

1. 夏季型人色彩特征

夏季，太阳照射着大地，让人们体感炎热，但是夏季树木繁茂、湖水深蓝、花开清新，其主色彩是浅淡的冷色系，如粉色的荷叶、紫色的葡萄、微蓝的天空、深绿的树叶等都是夏季的代表色。夏季型人如同夏季般的微风给人以温婉飘逸、亲切和蔼的感觉，她们有着冷米色或泛着小麦色的健康自然皮肤，眼神沉稳、柔和，黑色的头发随风飘动，优雅脱俗。

①肤色：粉白、乳白色的皮肤，带蓝色调的褐色皮肤和小麦色皮

肤,肤色白皙、柔和、健康。脸上容易出现红晕,呈现浅玫瑰色和水粉色,白里透红。

②眼睛:目光柔和、亲切,眼珠呈焦茶色、深棕色、玫瑰棕色,眼白呈现柔白色和淡蓝色。

③发色:轻柔的黑色、灰黑色,柔和的棕色、深棕色,发质柔软。

④嘴唇:呈玫瑰红、粉红色。

2. 夏季型人色彩选择

夏季型具有冷色型人的特质,适合以蓝色为基调的色彩搭配,与常春藤色、紫丁香色及海水、天空的色调非常吻合。

①服装:夏季型的最佳服装色彩是各种蓝紫色系,适合在不同明度的蓝紫色系中作渐变搭配;夏季型人穿灰色也非常高雅,运用不同深浅的灰色与蓝紫色系及浅粉色搭配最佳。

②发色:偏柔和的黑灰色、银色、微蓝色,可以进行这类色系的染发。

③妆色:粉底可选用密蕊、浅象牙色;眼线可选择靛蓝、深灰色;眼影宜选用淡紫、浅粉色及蓝色系;口红、腮红可选用亮玫瑰红、桃红等。

④警示:避免使用暖色系、强烈的纯色和反差大的色彩,不适合过于深重的藏蓝色。

(三) 秋季型

1. 秋季型人色彩特征

秋季是成熟的季节,也是收获的季节,麦穗的金黄色、枫叶的鲜红色、青苔的暖绿色与泥土的棕色等都是这个季节独有的色彩特征。而大地色、太阳斜射的阳光都为这个季节增添了一抹温暖的个性。秋天型人也和秋季般的色彩一样端庄而成熟,她们拥有陶瓷般的皮肤,眼神沉稳,给人印象深刻,其发色黑中泛黄,给人一种浓郁、华丽的色彩感觉。

①肤色:金橘色、暗驼色、瓷器般的象牙色,脸颊为黄橙色、金棕色,较少出现红晕。

②眼睛：瞳孔色为深棕色、焦茶色、浅琥珀色、深褐色，眼白色为象牙色、湖蓝色，瞳孔中有绿色。

③发色：有光泽的金红色、棕褐色、古铜色、巧克力色等。

④嘴唇：暗红色，部分人为深紫色。

2. 秋季型人色彩选择

秋季型人是暖色系中沉稳色和浓郁色的代表，适合搭配浓郁、厚重、以黄金色为主的暖色调。

①服装：适合金黄色、金橘色、苔绿色、咖啡色等浑厚的色彩，并在相同色系或邻近色系中进行色彩的浓淡搭配，以烘托出稳重与华丽感。

②发色：适合金红色、栗褐色、酒红色等，染发时务必注意天然光泽的保留。

③妆色：底色可用略沉稳一些的暖色调，比如自然色、深杏色；眼线可选用炭灰、咖啡色；眼影可以用金色、银杏色与苔绿色进行搭配；口红、腮红可选用咖啡红、豆沙红、淡砖红等色。

④警示：避免过于鲜艳的颜色、冷色系以及黑色。

(四) 冬季型

1. 冬季型人色彩特征

冬天的色彩感较少，几乎笼罩在一片深冷和黑白的对比之中。但是，这个冰冷的季节，光线明晰强烈，加上熠熠闪光的白雪衬托，使冬季残存的少量色彩愈加鲜艳夺目。如杉树深沉的绿色、腊梅鲜艳的红色、湖面冰封的蓝色等都为这个寒冷的季节增添了鲜艳的亮彩。如同冬季一样，冬季型人有着一头黑发，锐利有神的黑眼睛，冷调的几乎看不到红晕的肤色，有一种干练、冷静、冰清玉洁的特质，给人充满个性、与众不同的深刻印象。

①肤色：非常白或稍有些发暗、有光泽或稍带青色的驼色，脸颊呈玫瑰色，不易出现红晕。

②眼睛：黑白分明、目光坚定、锐利、有神，眼珠呈深黑色、焦茶色、深棕色，眼白呈冷白色，瞳孔为焦茶色。

③发色：乌黑发亮，常表现为灰黑色、银灰色、酒红色等，发质较硬、有光泽。

④嘴唇：呈玫瑰色系。

2. 冬季型人色彩选择

冬季型人是冷色系的代表，她们个性鲜明，吸引力很强，有一种难以接近的冷艳感；其色彩基调体现的是"纯"色调，适合用鲜艳对比的纯冷色系塑造冰清玉洁的美感。

玫红、宝蓝、紫色和无彩色系中的黑、白等色皆可作为配色点缀其间。

①发色：适合银白色、深酒红色、深灰蓝色、纯黑色等色彩。

②妆色：底色可以选择象牙白；眼线可选用靛蓝、黑色；眼影可以选择蓝紫色、淡粉色、浅玫红等，口红、腮红可选择玫瑰红、樱桃红等色。

第五章　服装色彩设计的灵感与创意

第一节　学会观察与发挥想象

服装色彩最能够表现服装主题和情感，因此服装色彩设计是服装设计的重要环节，是集艺术、审美、技巧、信息和创作为一体的综合课题。服装色彩设计是设计人员在各种客观事物的优美色彩中得到启示，触发灵感，通过主观的想象力和创造力，运用色彩配置的技巧，表现一定的色彩情调。

因此，服装设计师除了需掌握色彩的基础知识、色彩的配色原则等知识之外，更有必要进行深入的社会调查研究，及时掌握有关流行色彩、流行面料、流行款式等方面的信息，使自己能够敏锐地把握服装新动向，通过创造性的思维活动，不断地推出新的构思，以新的色彩形象和新的色彩组合体现服装的整体美。

总之，设计师只有在生活中学会观察，在创作时发挥想象，才能最终获得设计灵感。

一、学会观察

探索色彩的奥秘，首先要在生活中学会观察色彩。色彩观察是色彩分析、研究、判断、想象的前奏，没有观察就不可能有色彩设计思维活动的产生。

在色彩设计前，观察作为色彩信息收集的工具，对直接认识色彩和搜集色彩资料起着重要的作用。在色彩设计中，观察与积极的想象思维活动相结合并贯穿于全过程，是判断、检验色彩搭配的效果是否和谐，是否达到设计的预期目标的必要手段。

善于全面观察、深入研究、正确认知事物特征的能力称为观察力。色彩的观察，除需要有明确的观察目的以及具有对色彩的敏感性和鉴别力以外，还必须具有深入分析、研究、综合思维的能力。

对色彩观察认知的水平还取决于科学的、全面的、系统的观察方法的掌握。例如，为了探索各种自然景物中蕴含的色彩美的规律，设计师除了整体地观察自然色彩的情调、气氛、意境等效果，保持对色彩的第一印象的新鲜感受，捕捉色彩美的主要特征外，同时还必须进行精细的观察，深入地研究自然色彩建立的色相、明度、纯度方面的秩序规律。探索各种色彩在面积比例、空间位置、对比调和、韵律节奏、多样统一等方面的微妙关系。不仅要注意自然景物在静止状态下的色彩关系，同时更要注意自然景物在运动中的色彩变化。既要宏观地把握整体，又要微观地探索细部。学会多角度、全方位、发展地观察研究自然景物色彩的全部状态，就能不断积累丰富的色彩视觉信息与经验。

二、发挥想象

(一) 想象力

在色彩设计中，客观的环境、生活方式、社会状况、大自然等的启示和灵感具有很强的影响力，但是只依靠这些影响力还不能完成色彩构思。想象力是设计者的智能结构中最重要的能力，创造性的想象力要以客观存在为依据，既是一种摆脱目前状况的飞跃，又是新意境的浮现与展示。

(二) 创造力

创造力是设计师必须具备的素质，设计本来就是一种新的构思、新的创造。色彩设计当然离不开设计师创造力的发挥。创造力是一种独特的综合能力，即是把改造过的事物纳入新的联系，创造出新的完整形象。完成这种综合，关键是准确地把握内在意蕴与外在形象特征的必然联系。

第二节　灵感来源

服装色彩的构思通常离不开灵感启示，客观存在的任何事物和现象都可能成为服装色彩构思的灵感源泉。

一、从着装对象获得灵感

从服装的诞生到现在，服装是为着装对象服务的，因此着装对象是首先选择服装或设计服装时需要考虑的首要因素，这也就是"主体—着装者"与"客体—服装"的关系。

人有千差万别，因为基因的不同，人存在性别、肤色、体型的差异；因为自身生活及成长的不同，在年龄、性格、气质以及文化素养等方面，人与人之间存在很大差异。就像世界上没有两片完全相同的树叶一样，世界上也没有两个完全相同的人。服装色彩是装饰美化人体的，人体表现出不同的个性，色彩的选择必须符合不同的个性需要，因此需要以着装者为思考依据进行色彩构思。

皮肤较黑的人可以选择鲜艳的、强烈的色彩，通过色彩的对比衬托出面部肤色；肤色较黄者，易与茶色系、橙褐色系、深蓝色系搭配，茶色系、橙褐色系与黄肤色为同类、邻近色相关系，形成自然统一的色相调和，冲淡面部的黄光，增加红光。黄肤色偏黑的人可多采用略带色相的配色，与肤色略有对比，在明度上略有明度差，尽量避免使用深褐、黑紫、黑或色相浑浊不清的色彩。白色皮肤适用色很广泛，从各类高纯度色、高明度色到各类浑浊色，白色皮肤总是"浓妆淡抹总相宜"。

如果着装对象过于肥胖，可采用低明度、冷色调等具有视觉收缩功能的色彩进行配色，避免使用明亮、暖色调等具有视觉膨胀感的色彩。而瘦型人则相反，可多采用具有膨胀感的色彩。此外，由于人的性格、年龄、气质、文化素养等不同，对服装色彩的需求也不尽相同，构思时需根据不同的对象进行色彩的思考和选择，使色彩与人的心理、生理等方面都能达到完美结合。

二、从自然界采集灵感

自然色指自然界本身的各种色彩，非人工色，不依存于人或社会自然存在的色彩。从蓝天、大海到沙漠、丘陵，从生锈的铁块到腐烂的木头，不论是从宏观还是微观，这些来自生态领域的色彩，可以说是大自然最原始的未经任何修饰的色彩，其本身固有的性质都包含着美的规律。

自然界的色彩不是一成不变的，会随着时空的演变而衍生出无穷的变化，呈现出丰富多元的色彩面貌。自然色范围非常广泛，主要有动物色、植物色等。

（一）动物色

动物色分狭义和广义两种。

1. 狭义的动物色

狭义的动物色指以动物为来源提取的颜料色或染剂色，是绘画颜料以原料分类而得出的称谓。以洋红为例，洋红是一种热带产的雌性胭脂虫干燥后，磨成粉末，提取出胭脂红，再用明矾处理，除去其中杂质而制成的。如帝王紫，来源于贝的鳃下腺，染色海贝的生长期大约在一年，春夏季节是采集的时间，因为在这个季节会产生大量的分泌物。将贝内的筋肉和内脏取出，加盐腌泡三天，然后用蒸汽加热法，剥落鳃下腺内的分泌物。这种分泌物不溶于水，可是一旦将它染在布料上，在日光的作用下会由黄变绿、蓝、紫，最后成为色牢度极佳的紫色。在现代，贝紫已经难寻踪迹，紫色用胭脂虫、紫胶虫染料代替。

2. 广义的动物色

广义的动物色指动物外在体表的颜色。动物种类非常多，从水里游的鱼类到天上的飞禽，从地上的爬行动物到大型猛兽动物，经过生物的进化，它们的体表都有着属于自己种群独特的色彩，有的是对比强烈的警告色，有的是隐蔽性很强的保护色，这些生动、奇妙的色彩以及色彩

第五章　服装色彩设计的灵感与创意

组合，给人类研究色彩、运用色彩带来丰富的灵感，大自然就是一个取之不尽、用之不竭的色彩宝库。

(二) 植物色

植物色与动物色一样，有狭义和广义两个定义。

1. 狭义的植物色

狭义的植物色指以花、草、树木、茎、叶、果实、种子、皮、根等为原料，并提取其色素为颜料色或染料色，也是绘画颜料以原料分类而得出的称谓。植物色在西方和东方的古代就被广泛使用，尤其是古代中国，提炼植物色的技术非常先进。青色主要是用从蓝草中提取的靛蓝染成；赤色，中国古代将原色的红称为赤色，提取自茜草；黄色，早期主要提取于栀子果实中含有的"藏花酸"黄色素，到南北朝时期，人们用地黄、槐树花、黄檗、姜黄、柘黄等提取，尤其用柘黄染出的织物在月光下呈泛红光的赭黄色，在烛光下呈现赭红色，色彩鲜亮夺目，所以自隋代以来黄色成为帝王的服色。黑色，古代染黑色的植物主要用栎实、橡实、五倍子、柿叶、冬青叶、栗壳、莲子壳、鼠尾叶、乌桕叶等。20世纪初，自化学合成色素问世以来，合成色显色鲜艳、色牢度好、种类丰富，植物色逐渐退出了人们的视线。近年来，随着环保意识的增强，开始逐渐认识到化学合成色素对人体健康的损害以及对生态环境产生的严重破坏，植物色再次成为时尚的宠儿。

2. 广义的植物色

广义的植物色指植物体表色彩，包括植物体色、花卉色、果实色等。绝大部分植物体的叶片呈绿色，是因为细胞里有大量的叶绿体，叶绿体里含有绿色的叶绿素，因为数量多所以掩盖了其他色素的颜色，但植物叶片的绿色在明度上有深浅不同，在色调上也有明暗、偏色之异。这些明度和色调随着一年四季的变化而不同，如垂柳初发叶搭配时由黄绿逐渐变为淡绿，夏秋季为浓绿；春季银杏叶子为绿色，到了秋季银杏叶则为黄色；槭树类叶子在春天先红后绿，到秋天又变成红色，这些色叶树木随季节的不同而变换色彩，使人们感受到不同季节时空的变换。

植物色中的花卉色彩非常丰富，有红色、黄色、蓝色、紫色、白色、粉色等，可以说是全色相，且色调非常丰富。从高明度的桃粉到低明度的凤眼蓝，从饱和的迎春黄到百里香的紫红，花卉色之所以五颜六色，是因为含有花青素。花青素是一种色素，大量存在于花卉细胞的液泡中，它在不同的 pH 值条件下会呈现出不同的颜色，在碱性的环境下花卉呈现蓝色，在酸性的环境下呈现红色。白色的花卉，是因为含有极少量的色素，气泡的存在使花卉看上去呈现白色，如果将花瓣使劲捏一捏，当气泡都被挤压出后，白色的花瓣则变成透明的。

（三）中国传统绘画色

绘画是以色彩和线条在平面上描绘形象的美术种类，通过用笔、刷、刀、手指等工具，将颜料、墨汁、油墨等有色物质，以线条、块面、色彩、明暗等方法，形成的视觉形象画面、图像。绘画通过形、色、光、线条等捕捉最富启发性、感染力的瞬间形象，是依赖视觉在平面上感受和欣赏的造型艺术，所以绘画很容易引起观感的共鸣。

提到中国传统绘画，绝大多数人都会想到国画。国画色彩整体简洁统一，色彩种类较少，渐变层次精妙，例如以黑、白、灰为基础色的水墨画。水墨画属于国画的一种，按照现代色彩理论水墨画只有明度变化，看似单一的墨与水结合后，呈现出焦、浓、重、淡、清五个色彩层级，再加上独特的皴染、晕染技法造就了水墨国画或深远，或灵动，或明净的古雅风格。国画中墨是基本用色，用彩色进行绘画时也需与墨搭配使用，由于墨汁的特殊性，即便是金碧辉煌的山水色彩、怒放着华贵色彩的牡丹、生动多姿的鸳鸯色彩，也始终带着一股素雅的气质，透着质朴的风格。

三、从民间色吸收灵感

民间色是指民间艺术呈现的色彩及色彩搭配，主要包括民间艺术（品）用色和民间服饰用色两方面。民间色很独特，它是人类在原始状态下单纯用色彩表达信仰的一种手段，因此，民间色原始，但表现力极强，可以重新唤起人们对艺术原发性的感受力，打开一方艺术自由变化的新天地。

(一) 民间艺术（品）色彩

提到民间艺术（品），大家马上会联想到年画、剪纸、刺绣、彩塑等。民间艺术（品）用色以纯色为主，经过历史的积淀，祖辈们形成一套类型化的、程式化的用色体系，"红离了绿不显""黄能衬五色之秀""紫没了黄不显"等，这些绘画口诀都是民间艺术对用色的使用规则。民间艺术的共同特点就是民俗化、大众化，色彩总体来说比较俗艳，色相种类丰富，大多采用对比色、互补色手法，纯度普遍较高，单一色相明度层次少，整体视觉效果强烈醒目，装饰性强。

(二) 民间服饰用色

中国幅员辽阔，在这片广袤的大地上，地域性差异很大，甚至很多少数民族地处偏远山区，与外界形成隔绝，所以在服饰文化上保留了很强的原始性，用色十分大胆，配色方式独特，形成民间服饰独特的色彩审美。

在用色方面大致可归纳为三大类型：一是以五色斑斓的大红、大紫、大蓝、大绿为装饰特点，其色调层次十分明显，色块间所形成的对比和反差较大，因而视觉冲击力十分强烈；二是服饰色彩虽鲜艳明丽，却不繁缛杂乱，一般以浅色调为主，表现的是一种优雅恬淡的审美情调和色彩搭配方式；三是崇尚黑色和蓝色，在服饰上常以此作为主色调，显得庄重严肃、沉稳朴实。

随着当代艺术对民族文化的回归，中国传统的民族文化艺术语言被更多地运用到当代服装艺术设计之中。众多的服装艺术设计师从现代绘画的色彩形式中汲取精华，创作出大量风格化、时尚化并引领潮流的优秀作品。

第三节 服装的流行色

一、流行色的概念

流行色（Fashion Colour，意为合乎时代风尚的颜色，即"时髦色"）是指在一定时期和地区内，产品中被大多数消费者所喜爱或采纳的带有倾向性的几种或几组色彩。它是一个时期、一定社会条件下人们心理活动的产物，同时，它也受到社会经济、文化等因素的冲击、推动与制约。

流行色是与常用色相对而言的。各个国家和民族都有自己喜爱的传统色彩，并且相对稳定。但这些常用色有时也会转变，上升为流行色，而某些流行色在一定时期内也有可能变为常用色。在每季度推出的流行色中，也常见到一些常用色的身影。流行色是服装设计中一个重要的因素，也是时尚服装的一个重要标志，对商品的生产、销售和消费起着重大的指导和引导作用。

二、流行色的产生

流行色的产生是一个十分复杂的社会现象。究其原因，首先涉及人的生理、心理感受，这是客观的。其次，流行色是社会经济、文化和色彩规律等多种因素的反映。综合分析每年世界各国流行色协会成员国递交的提案，大致来源于以下几个方面。

（一）人的因素

人对于色彩的认知首先来自生理和心理需求。如果长时间停留在一种色彩上，人的视觉会产生麻木。而一种新颖的色彩能使人产生兴奋的情感，这是由于人希望以此得到满足，获得精神上的快感，这是感官上的需要。当人处于某种状态——激动、快乐、悲伤、郁闷时，就会倾向于使用某种色彩：红色、米黄色、灰色、黑色等来表达出不同的心理感受,因此色彩的流行也是人的心理因素的反应,所以流行色也包含了相当的主观成分。

由于受到各类媒体商家广告的影响,人的从众心态得以滋生,这种趋同认知是产生流行色的社会基础。随着时间的推移,人们的年龄、阅历、情绪、生活状态等随之变化,对流行色的认同也改变了,每年产生的新颖的流行色正是基于这一现象。

(二) 自然因素

大自然赋予了人类缤纷灿烂的景致,各地自然环境千差万别,河流山川、奇花异草、飞禽走兽,无不呈现着绚丽的色彩世界,并给人以无限遐想。地球上的气候影响着自然界的色彩变化,从烈日炎炎的赤道到寒风刺骨的极地代表着两个极端的地理特征,而不同的环境,呈现出不同的色彩。大自然的色彩恰恰给流行色的产生带来了启示,在各类国际、国内流行色组中,大自然的色彩构成了主要素材,众多流行色直接取自自然色,如沙滩色、泥土色、岩石色、森林色、瓜果色、贝壳色等,或者直接以动植物命名,如松石绿、孔雀绿、水果绿、柠檬黄、杏黄、蟹青、珊瑚红等。

三、流行色的流行周期

人们在自然界中捕捉到的色彩是有限的,而如果反复接受同样的色彩,此时人们就会感到单调和乏味,于是就希望追求一种新的色彩刺激,所以原有色彩开始逐步衰退,而新的色彩慢慢登场。研究结果表明:色彩的流行周期长短不等,从萌芽、成熟、高峰到退潮有的持续时间短至3~4年,长至6~7年。其间原有色彩和新的色彩可能交替出现,共同存在。流行色的传播由时尚发达地区传向落后的地区,由大都市传向小城市和乡村。在流行色的流行周期内,高峰期为1~2年,这是各类产品的黄金销售季节。

流行色的活动周期通常由高彩度的鲜亮色彩开始流行,继而延伸至色感丰富的中彩度色,再过渡至较为柔和的低彩度色,接着是土色系,直至无彩色系,再由无彩色转至紫色,最终回到高彩度色彩,完成循环。色彩的周期循环不是简单地重复过去,而是具有承上启下的效果,新的色彩特点正是通过循环而诞生的,由冷色系至暖色系的循环周期大约是七年。

在某一个色彩流行时,总有几个色彩步入衰退期,相互交替,周而复始地运转。蓝色与红色常常同时相伴出现,蓝色的补色是橙色,红色的补色是绿色,所以当蓝色和红色广泛流行时,橙色和绿色就退出了流行舞台。由此可见,蓝色和红色是一个极端,橙色和绿色也是一个极端,合起来恰好是一个流行周期,一个流行周期中蓝色、红色流行3年,橙色、绿色流行3年,中间过渡1年,总计也是7年。

流行色的变化规律大致可归纳如下:

第一,流行色在色相环上有着周而复始的动态变化,而这种转换不是简单地重复出现、一成不变,一般是渐变的、顺向的冷暖交替,有时也可能是跳跃的、逆转的,产生多种色相的多彩活跃期,且中间色调为主要色彩特征。

第二,除了色相以外,还有明度、纯度上的变化。如同样流行的红色,若干年后再出现时可能是锈红色、砖红色、酒红色、酱紫红色等,这必然会在明度、纯度方面都有所变化,这样才能始终给人以似曾相识、耳目一新的感觉。

第三,流行色的产生往往多伴随着社会风貌的变迁,或自然景物,或历史遗迹,或考古文物。如宇宙太空色、海洋湖泊色、大地裸色、丝绸之路色、亚马孙绿、英格玛绿、宝石蓝、冰蓝、古铜、青花瓷蓝等色,都冠以富有诗意、形象动听的美名,以利传播、推广,给人留下了深刻的印象,从而吸引更多的消费者。

四、流行色的主要形式与应用

(一)流行色提案的主要形式和内容

流行色提案发布的目的是为服装工业在生产、销售和推广服饰产品时提供一定的指导，并对服装市场提供建议，引导消费者接受和使用最新的色彩样式。正因为流行色提案具有这样广泛的指导作用，所以为了便于人们的理解和运用，流行色提案的形式和内容都十分通俗易懂。其内容主要包括主题标题、主题词描述、图片形象解说以及色组陈列四大部分。

1. 主题标题

为了方便使用者能够明白流行色提案的内容，流行色提案通常会以命题的方式来归纳和整合流行色的趋势，形成言简意赅的标题。作为描述主题整体氛围的标题在大多数情况下都是以一个词语或短句来表述的，这个词语或短句包含了主题的所有描述意图，令使用者一目了然地明白其中的含义。对标题的解读，可以在一开始就令使用者在脑海中形成一定的思维联想，以便轻松快速地理解主题内容。

2. 主题词描述

主题词描述是对流行色的灵感源进行文字解说，文字的要求是简练易读。通过对这些文字的研究，大多数人都能够理解流行色的基本背景资料，专业的设计师还能从中产生联想，寻找到适合自己品牌的新季产品设计的灵感。

3. 图片形象解说

服装设计是一项利用形象传达创意的工作，设计师通过形象获得设计灵感，通过形象体现自己的设计创意，因此图片形象无处不在。图片形象解说是流行色提案中的一个重要内容。一般来讲，大多数的流行色提案并不是用一张图片完成解说工作，制作提案的工作人员会对许多原始图片进行整理和分解，并利用拼贴重组的手法，将多张图片制作成一张能够说明主题内容的图片，因此，这个图片中的各种形象和色彩元素都是经过高度提炼、值得设计师密切关注的，也许其中某个或多个元素便是在今后进行具体款式开发时会用到的内容。

4. 色组陈列

色组陈列是流行色提案中最为关键的部分。通常来讲，流行色提案会针对每个新季以 3~4 个主题的形式发布流行色趋势，每一个主题会有多个色彩形成一个色组。有时这个色组是从彩色图片中直接提炼出来的，有时则根据主题的抽象印象及联想来确定色彩。提案中的色组不仅能为使用者提供单个色彩的指导，其排列的方式和形成的总体效果，也展示出新季色彩的组合和搭配方式。有时，后者对于设计师来说更具有参考价值。

这些色组一般都有二三十种甚至更多的色彩。一眼看去，似乎什么色彩都有。其实，这些色组一般都分成如下几组。

(1) 时尚组

时尚组包括未来即将流行的始发色、正在流行的高潮色以及快要过时的退潮色。其中最为引人关注的是初露端倪的始发色，也称尖端色。

(2) 调和色组

流行色出现高纯度状态时，往往需要用金、银、黑、白、灰等色进行调和。

(3) 常用色组

众多消费者最为喜爱的为传统常用色组，如蓝色系、咖啡色系等。

(4) 互补色组

互补色组往往是流行尖端色、高潮色的补色，即大面积主调流行色的对比色，作小面积的强调、点缀使用。

(二) 流行色的应用

1. 流行色应用的切入点

作为一名专业的服装设计师，对流行色的灵活运用可以从以下几点着手：

第一，研究流行色提案，分析哪些色彩在具体使用过程中可能会流行，哪些色彩可能会被市场和消费者排斥。

第二，从流行色提案中找出适合表现服装品牌风格的色彩组合。

第三，回顾上一季同时间里的畅销色彩，将之与新季的流行色进行对比，找出其中的联系，制定能承上启下的产品色彩。

第四，在流行色色组的基础上，增加和修改部分色彩，使产品能够有新颖的配色效果，凸显品牌的整体风格气息。

第五，以流行色卡为标准，对部分不适合品牌形象的色彩进行修改。修改的方法包括将这些色彩作明度及纯度上的调整，以适应品牌色彩的总体形象。

2. 色彩组织的基本原则

第一，确立主色调、选择辅助色、用好点缀色、创造新风格。

第二，在色相不变，明度、纯度变化的情况下，产生丰富的系列色彩。

第三，时尚的服装一般以流行色为主色，适当运用点缀色。

第四，传统服装应以常用色、无彩色为主，局部用流行色点缀。

第六章　服装元素上的相关设计

第一节　服装配饰艺术设计的美学规律

一、服装配饰造型设计的美学规律

造型必须注意形式审美性，抽象几何化、图案化等形式元素的应用。

在造型艺术中，对称、均衡是低级的、简单的多样统一，和谐才是高级的复杂元素的多样统它包括对称与均衡、对比与和谐、节奏与韵律、比例与夸张等形式特征。

（一）对称与均衡的造型

1. 对称

对称是服装配饰造型中使用最广的结构形式。对称含有严肃、大方、稳定、理性的特点。服装配饰的对称造型主要指外形、装饰结构和形状的对称。常用的对称形式有左右对称、局部对称、轴对称、前后对称等。

对称形式由于它的展示常常是陪伴在有自由曲线状态的人体身边，通过对比反而衬托出一种特别的端庄大方感。

2. 均衡

均衡指通过调整形状、空间和体积大小等取得整体视觉上量感的平衡。

对称与均衡是从形和量方面给人平衡的视觉感受。

对称是形、量相同的组合，统一性较强，具有端庄、严肃、平稳、安静的感觉，不足之处是缺少变化。

均衡是对称的变化形式,是一种打破对称的平衡。这种变化的突破,要根据力的重心,将形与量加以重新调配、在保持平衡的基础上,求得局部变化。

(二)对比与和谐的变化

造型对比能有效地增强对视觉的刺激效果,给人以醒目、肯定、强烈的视觉印象,打破单调的统一格局,求得多样变化。

服装配饰造型中的差异对比表现主要包括材料色泽的明暗浓淡、色彩搭配的黑白冷暖;结构分割的疏密粗细;装饰构件的聚散顺逆和大小多少;整体外形长短宽窄、转折与边缘线的刚柔曲直。

(三)节奏与韵律的魅力

节奏与韵律是一种形式美感和情感体验,它既存在于形式的多样变化之中,也存在于和谐统一之中。

1. 节奏

节奏是一定的运动样式在短暂的时间间隔里周期性地交替重复出现。它不仅是指某一时间片段的持续反复,也是一种既有开头又有结尾的相继变化过程。例如:连续的线、断续的线、黑白的间隔,特定形状与色彩重复出现就能形成节奏感。形状、色彩、空间虽是静止的,但视线随点、线、面、体、形状和色彩的排列与组合结构巡视的时候,必然产生视网膜组织的生理运动。

(1)规则节奏

规则节奏是指规则地运动,刻板地重复,一成不变地循环反复到底,有着严格的延续运行秩序,主观性强。

(2)非规律节奏

非规律节奏是一种非规则的、既重复而又不雷同的节奏。

2. 韵律

造型艺术中诸矛盾因素的变化统一便产生一种节奏的和谐,即韵律。

美丑依附于事物的模仿,也决定于材料相互间构成的形式关系。形式关系的美丑又在于形式节奏的对比是否和谐,是否能产生韵律。

3. 节奏和韵律的关系

（1）共性

共性是一种形式审美感觉，是从客观事物的结构和关系中提炼出来的普遍抽象形式。

（2）异性

节奏是事物矛盾延续变化秩序的一般形态和基本形态，韵律是事物矛盾延续变化秩序的特殊形态和高级复杂形态。

节奏是一般的简单变化秩序，韵律是特殊的复杂变化秩序。一个复杂节奏总是由多个简单节奏组合而成，从而形成具有音乐性韵律的美感节奏。

节奏是韵律产生的根源和基础，韵律是节奏变化的产物结果。

（四）比例与夸张的处理

1. 夸张

夸张是一种最为强烈的变形形式，夸张的具体手法就是对表现有关本质和特点的部分加以特别地强调。

造型上的夸张要鲜明有力地突出服装配饰外形的造型特征，把握使用功能，根据创作的特定需要，对于物体的形状、色彩以及空间关系按理想进行夸张造型。

夸张形象尽管千变万化、但万变不离其宗：一是不失服装配饰的基本功能特征；二是主要形迹落实在形状上。

服装配饰的夸张变化围绕这三种形式进行变化：一是基于形体结构的夸张变形；二是基于审美情感的夸张变形；三是基于几何形态的夸张变形。变化的目的为丰富服装配饰的造型艺术美感，生动趣味性和视觉美感。

2. 比例

比例是指服饰的整体造型与局部配饰造型以及局部与局部造型之间的数比关系。比例适合是指服饰造型的部分与部分造型、部分与整体造型之间合乎和谐的数理组合关系，这种合适的比例关系会使人产生和谐的视觉秩序感。

（五）多样统一

1. 多样

多样是指形式中各个整体之间和整体中各个部分之间因差异而具有的一种组合。

2. 统一

统一是指各个组成部分的协调及和谐。这是形式美法则的高级形式，产生的整体效果既体现事物的千差万别又体现事物的共性，使服装配饰设计既表现得丰富生动，又富有秩序和规律而不杂乱，这是设计师在系列服饰或大件组合首饰设计中必须考虑的情况。

二、服装配饰的色彩设计规律

色彩与造型、纹样、材料、工艺一样，是服装配饰设计的主要内容之一。

色彩是视觉的第一印象，具有先声夺人的力量。色彩的作用远远大于形态和材质，在服装配饰设计、审美及营销过程中发挥着巨大作用。因此，对色彩的设计和把握能力是服装配饰设计师所必须具有的。

（一）色彩设计构思

色彩的构思是设计者在设计前思考和酝酿的过程，是一种融合形象思维和逻辑思维于一体的创造性思维活动。这种创造性思维具有独立性、连续性、多面性、跨越性及综合性等特征。构思过程应包括宏观整体设计的构思和微观具体设计上的构思。设计师通过宏观、微观上的思考，确定设计意向，进而展开具体的设计活动。

1. 色彩设计构思的方法

（1）以色为主，以形衬托

以色为主，以形衬托主要用于强调色彩配置、色彩特性、表达设计师对流行色彩的把握和运用。

（2）以形为主

以形为主主要用于强调造型款式。

第六章　服装元素上的相关设计

(3) 形色并重

形色并重要求设计师从造型和色彩两方面综合考虑，确定设计意图，突出设计的整体美。

2. 色彩设计构思的灵感启发

设计灵感是创作过程中的一种特殊心理状态，具有偶发性、突出性和短暂性三个特征。

灵感产生的前提：对设计的课题和资料进行长时间的持续思考，达到思维的饱和状态。

产生灵感的基础：设计师头脑中长期积累的色彩知识的构思通常离不开灵感启示，任何事物、现象都可能成为色彩构思的灵感源泉。

(1) 产品使用对象的启发

由于产品使用对象存在着生理、心理以及所处的消费阶层、文化素养等方面的不同，必然使设计的构思产生与其个性相适应的配色计划。针对某一消费者或消费群进行色彩思考和选择，使色彩与使用者的心理、生理和谐统一。

(2) 色彩社会信息的启发

色彩的社会信息及流行色是一种社会中的色彩消费现象。

流行色往往表现为一定时期内出现的一种或多种为某一集团阶层多数人接受和使用的色彩。

色彩社会信息的传播渠道包括网络、报刊、会展、商业活动等，通过社会信息，可以分析和了解人们的色彩、消费意识及审美需求，由此得到符合市场消费需求的流行色彩。

(3) 自然色彩的启发

自然界有着丰富美妙的色彩，设计师可以通过细致观察、用心体会启发构思。通过各种自然景物的色彩现象与变化规律，寻取大自然中色彩美的形式，积累色彩的形象资料，通过联想和想象，概括和归纳出比较理想的色彩形象，巧妙地运用于服饰的色彩设计中。

(4) 姊妹艺术的启发

学习和借鉴音乐、绘画、建筑、影视、文学等艺术形式的色彩及表现形式，从不同的艺术风格流派中广泛吸收色彩营养，寻找服装配饰配色美的规律。如：由激昂的乐曲联想到鲜明的色调，由忧郁的乐曲联想到阴暗的色调，由文学词汇联想到相应的色彩意境和情调，启发诱导色彩的设计与构思。

(5) 民族文化的启发

各民族之间由于其所处的地理位置、自然环境、生活方式、信仰、风俗习惯等方面的差异，形成了不同的民族文化。借鉴和吸收民族文化特征，是择其精华、用其精神，通过一个民族的绘画、音乐、用具、服饰等诸多具有本民族特色的素材，依托服装配饰设计所特有的表现方法，进行独到的创意设计。

(二) 色彩形式美的构成

色彩的形式美包括五个方面：色彩的比例、色彩的均衡、色彩的强调、色彩的节奏、色彩的呼应。

1. 色彩的比例

色彩的比例包含着两方面的意义：第一是色彩本身之间的对比与调和程度的色差比例关系。第二是与色影有关的整体与局部、局部与局部之间的色彩数量关系即色面积、色位置、色排列、色顺序等的比例关系。

2. 色彩的均衡

均衡是形式美的基本法则之一。从物理学上讲，是左右相对称的状态；从造型艺术上讲，是作为要素的形、色、质等在视觉中心轴线两边的平衡以及视觉上获得的安定感。均衡的概念表现在色彩造型方面，是指将各种配置的要素（色彩面积的分布、色的强弱和轻重）在视觉上产生一种稳定的构图形式，依据画面的构图，取得色彩总体感觉上的均衡，具体包括以下几个方面：①色彩的面积、属性是影响配色均衡的主要因素；②不同形状、冷暖、动静给人的重量感是不同的，与配色的均衡具有直接的关系；③色彩均衡的感觉与构图的经营位置也有一定的关系。

3. 色彩的强调

色彩是为了强调画面的效果，弥补整体画面的贫乏单调感。在色彩配列中，以适当的比例关系合理利用色彩的明暗、大小、软硬、冷暖、鲜浊等对比，都能够突显所要表达的主题，以达到画龙点睛的效果，从而构成整体中的强调。

4. 色彩的节奏

节奏具有时间的因素。在不具有时间过程的配色中，通过色相、明度、纯度三属性的变化而造成的强弱、轻重、冷暖、软硬等不同质的因素相互组合，或局部的某种间隔配列，使之产生色的抑扬格调或某种方向性的移动、反复变化，视觉上会感觉到动的连续和相互关联的韵律，使单调的色彩活泼化。在造型艺术中，形体的大小比例，起伏变化以及色彩的冷暖、明暗、浓淡、强弱、调子的虚实，都能构成不同的节奏。

节奏是建立在重复基础上空间连续的分段运动形式，并由此表现出形与色的组织规律性。它是构成美的基本形式之一，从配色角度来看，节奏的规律形式可分为重复节奏和渐变节奏两种基本类型。

(1) 重复节奏

重复节奏由单色或单元色的重复构成。一种是连续重复排列，如同一色相、同一明度、同一纯度、同一面积的单色的连续重复排列，或由多种色相、多种明度、多种纯度、多种面积构成的一个色彩单元的连续重复排列。另一种为交替重复排列，由两个或两个以上的独立色或单元多组进行方向、位置、色调等交替的重复排列，但它的构成必须依据一定的格式和规律相应地进行。

(2) 渐变节奏

渐变节奏是重复节奏的一种特殊形式，可以理解为重复过程中的逐渐变化的节奏。渐变的过程可以是等差级数的变化，也可以是等比级数的变化。

①直接渐变

直接渐变是指给某一种色中递次混入另一种色而产生的色变过程。其具体形式有：色相渐变、明度渐变、纯度渐变、冷暖渐变、补色相混渐变。

②对比渐变

对比渐变指在色彩的渐变过程中插入对比因素，从而构成了由强对比到弱对比的序列渐变。具体形式有：色相对比渐变；明度对比渐变；纯度对比渐变；面积对比渐变。

5. 色彩的呼应

色彩的呼应在色彩设计中表现为各种颜色不应孤立地出现在画面的某一方，而应在与它相对应的一方（如前后、上下、左右等）配以同种色或同类色构成呼应关系。色彩的呼应有两种基本形式：局部呼应和整体呼应。呼应是配色平衡的桥梁和手段，任何色块在布局时都不应孤立出现，它需要同种或同类色块在上下、前后、左右诸方面彼此互相照应，以保持画面的色彩平衡。同时，还能够起到调节和满足视觉神经的适应作用。

第二节 服装配饰艺术设计的基本方法

设计既是一种想法，又是一种表现，更是感情的一种宣泄。任何服装设计的形式都在于突出其艺术特点，无论是时尚服装还是生活服装，都需要进行装饰。使服装符合时尚潮流，突出使用者的个性。因为生产力低下，古代的服装造型比较简单，服装上的装饰多以刺绣为主，而现代的设计越来越多地追逐个性化的时尚造型。

一、服装配饰艺术设计的要素

服装配饰具有物质和精神的双重作用。它在满足穿着者生理与心理需求的同时给人以美的享受，它是生活中的一个橱窗，是艺术美、形象美的统一体。

造型设计、色彩设计、材料的选择是服装配饰设计中的三个要素。

(一) 造型设计

造型设计是服装配饰设计中最重要的因素，是款式设计的基础，是一种立体的造型艺术，是形式美、艺术美、自然美和环境美的统一体。

服装配饰的造型决定是否适合服装款式。服饰的造型设计与佩戴要考虑服装与服饰的统一性、与人物的体形及服装与环境的协调。服装与服饰的统一性是指服装与服饰的造型设计要统一、整体协调，服饰的造型设计与服装的搭配起呼应、点缀、平衡协调的作用。在整体造型的同时还要考虑着装者所处的环境，如时间、地点、场合相吻合。

服饰的造型形式是多种多样的，有点的装饰造型（纽扣、刺绣纹样、胸针、胸花等），线的装饰造型（项链、拉链等）等。不同造型的搭配都要掌握一个美的原则，服装与服饰的搭配要形成完美的整体，让人感到丰富统一。

(二) 色彩设计

色彩设计是服装配饰中视觉效果的基础之一，并与搭配的服装色彩有关，俗话说：远看色彩近看形，色彩比造型更易先被感知。服装配饰的色彩与人的精神状态构成了总体外貌。它的含义是服饰本身是美的，服饰的色彩更能显示穿着者的整体美。服饰的色彩作用重要，服装与配饰、虽然服装是主体，但服装与服饰的色彩都受制于服装的款式特点和对象的需求，同时也受服饰材料的性能及加工工艺的制约。服饰与其他的艺术品不同，不管服饰的色彩多么漂亮，它不能独立存在、只有和服装搭配在一起，才能显示出它的美丽和装饰作用以及经济价值。因此服饰色彩的选定、佩戴，表现的手法和形式都要根据服装款式色彩和着装者的特点而定。

(三) 材料

材料是服饰设计最终的要素，它体现出服饰设计的成果，与服装设计是不可分割的一个组成部分。服装上的服饰虽然处在从属地位，但却不容忽视，它的材料选择要与服装的面料相适应。服饰材料的性能及材质可以产生不同的视觉使用效果，如有粗犷丰富的，也有纤细秀丽的。

　　服饰的佩戴既要符合材料的特性，又要充分地发挥材料的优势，让人欣赏服饰的材质美。美感是饰物使人产生的愉悦的心理体验，也是人们心理活动的一种表现。服饰的美是感性与心灵的交融，服饰款式的造型是设计技巧、材料选择、流派时尚风格的体现、还要依赖人们对服饰的审美态度。从这种意义上来说，服饰佩戴的目的是美观，是为了增强审美的效果，它包含方方面面。外在美、内在美、佩戴美，都与服饰的形、色、质是分不开的。

　　总体来说服饰的审美是人们对设计技巧、造型规律、风格设计的理解和认识，服饰的美被人们所感知、所接受，还要依赖人们对服饰的审美态度及兴趣和喜好，不同的价值观对服饰的关注程度以及对服饰选择影响的大小有着直接的关系。对服饰兴趣的大小、所花费的时间、精力和金钱、不同的年龄和性格、所关注和感知的方式是不一样的。

二、服装配饰造型与材料的关系

　　在服装配饰造型设计的过程中，材料起到一种决定性的作用，可以说，服装配饰设计的发展趋势同样代表着材料的发展趋势。

　　材质面料是服装配饰造型艺术的物质基础，是构成服饰造型美的第一要素。对于材料的认识和把握是设计师的直觉使然和经验的积累。

　　（一）对现代新型材料的开发

　　通过对新型材料的肌理效应、可塑性、耐用性等因素的研究，将材料的个性特征与服饰造型有机地融为一体，并且在服饰成型的过程中解决两者之间的内在协调性和统一性。

　　当代的服饰造型设计已越来越注重开拓新材料的性能和特色肌理，以此体现时代风格。

　　设计师对于新材料的理解和驾驭能力已成为现代造型设计的重要标志。

(二) 材质的表现力和因材施艺

造型艺术既是视觉艺术又是空间艺术,它的物质材料媒介对造型既有制约作用又有支撑作用,一定的材质只适用于一定的造型,从而发挥它与特定造型相适应的质地特性和表现力。

物质材料的美源于物质本身具有的自然属性,如形状、色泽、质感、量感、肌理及其质地性质、功能等。

质材的质量特征须符合一定的造型需要,不同的质材应使用不同的手法以发挥其质料的长处。

①天然材质的美是自然的,由它引起的联想、比喻、象征及审美情感是由于这些自然材质本身包含着与人的社会心理相适应的客观审美性。

②金银矿藏稀少,勘测寻找和开采提炼都较困难,所以金银成了富贵、尊严、豪华的象征。

③木材自然质朴,纹理富于天趣,气味芬芳、取材方便、加工容易是造型艺术的最佳传统质材。

④皮革材料的质感,天然特性真实亲切、自然淳朴,由于它和人们的长期接触,使人感到舒适、亲切。

⑤裘皮素为女性推崇,裘皮的毛色蓬松柔滑、轻盈自然而富于弹性和张力。毛皮饰边则是现在很流行的服饰之一。

⑥民间特色材料,传统的蜡染、扎染技术的应用,使服饰材料更加迎合现代怀旧的流行思潮,其花纹图案赋予服装配饰非常典型的民族特色。

(三) 材质的美感表现

材质的美感不仅通过造型艺术得到体现,更从服装配饰造型的形象语言,如形状、比例、体积、体量、色彩、质地、肌理、布局等抽象的造型媒介表达思想情感,展现艺术的形式美。

服装配饰的艺术美不仅表现在其外部立体造型和装饰上,还通过内部不同体量的实体、空间序列和广延组合表现美。为了加强造型艺术的装饰性特征、抽象构成、图案花纹、设计样式、文字符号等装饰造型手段在箱包材料加工中得以广泛使用。

生理快感、舒适感是美感赖以产生的基础，实现精神性欣赏是在物质性使用过程中和过程后实现的。作为审美功能的实体，其材质首先必须让人感到舒适宜人，符合人的基本审美条件。

（四）材料的性能体现

（1）比重、硬度适中，有一定韧性、弹性，表面光滑润泽，有稳重、柔韧、温和、淳朴感觉的材料。如竹、藤、人造纤维、塑料、橡胶、皮革类等。

（2）比重小，柔软疏松，吸湿透气，保温性好，有亲切、温柔、暖和、轻松感觉的材料。如毛、绒、呢、丝、麻、棉、草、麦秆、纸、芦苇、棕毛、蒲叶等。

三、服装配饰的创意设计方法

设计师要用视觉去感知流行中的普遍性，通过大脑的积累、整理、分析，总结归纳其共性规律特征。

正在流行之中的事物极具普遍性，流行元素相似的造型反复出现会引起视觉疲劳和心理麻木，最终导致其心理无视状态。

设计师要适时地把握时机，从中提炼、挖掘能够调动人们视觉心理活跃的特殊流行元素，创造新的造型形式。

服装配饰的创意设计方法主要有以下几种：

①逆向思维法——也称"五不法"，就是找出现有产品的缺点，即设计"不合理、不方便、不如意、不完善、不科学"之处，就可对症下药地进行改进，新样式就出现了。

②问题假设法——提出问题，从中找出不足，以便改进和创新。

③删繁就简法——删去烦琐而无用的设计元素。烦琐的设计作品，只能说明设计师的思维混乱，设计作品尚未在脑海里成熟便设计出样品。

④换位思考法——设计师在设计作品时，要多从消费者的角度去思考商品的使用价值，及时分析其不足之处并进行改进，直至让消费者满意。

⑤经验积累法——将平时在设计时运用到的各种较好的小改革，重新组合形成另外的设计思路。

⑥视觉冲击法——打破常规思维，大胆运用色彩的强烈对比，以达到视觉的强大冲击效果。

⑦对比先进法——用同类商品作对比，找差距，以便改进。

⑧移花接木法——将已知的原理或已有产品，移植到新用途上。

⑨反复修改法——优秀的设计作品往往是经过反复思考、构思和修改得来的，修改的过程其实也就是进步的过程。

⑩投其所好法——细分市场，针对各个细分的子市场作为目标市场。进行投其所好的创新，如夜光学生书包，利用能够发光的缝线而取得孩子们的兴趣。

⑪超前思维法——经仔细调研市场分析后，设计师应具备超前的思维、独特的眼光，能够预测出几年后某产品的卖点。

⑫灵感捕捉法——人们在闲谈中，有时会无意中谈起自己在使用某产品时的看法，作为设计师，要善于捕捉言语中蕴藏的巨大商机，抓住灵感，设计出有新意的产品。

第七章　不同形象与风格的色彩设计

第一节　不同形象的色彩设计

形象的色彩设计需要考虑到多方面的因素，如色彩的基本理论、搭配技巧、化妆与发型、服装风格、服装面料、服装图案、首饰、鞋子、包袋等，每一个要素都对整体形象设计起着重要的作用。在各种不同的形象设计中，人们都必须考虑这些具体存在的实际因素，以确保所进行的设计真实有效。

一、职业形象的色彩设计

职业形象是指在职业工作中的形象，如会议谈判、接受采访、行政工作和商业服务等场合。其对象一般有事业单位人员、教师、医生等，这些职业对就职人员的专业素质、身心健康、办事效率等有着较高的要求。

在职业形象色彩设计方面，应着重营造严谨、庄重、正式的氛围，色调应以简洁、深沉、素雅、大方为宜，并结合形象主体的身份与周围的环境而定。配色常以纯度中等或含灰色调、中低明度居多，色相差异要适当减小。如职业形象设计常采用同一色系，或是将某个中低纯度的色相与无彩色系中的黑、白、灰相配，以强调专业、内涵、效率的职业精神。

二、社交形象的色彩设计

社交形象即人与人在社会交际活动中给对方的一种印象。当今的社交形象可分为传统型社交形象与新型社交形象。传统型社交形象一般存在于庆典、仪式、宴会、酒会等场合，属于相对正式的社交活动，在形象设计中应体现出高贵典雅、文质彬彬的气质与内涵；新型社交形象往往有着不同的主题和自由的形式，充满趣味性、新奇性，张扬着年轻的个性。

（一）传统型社交形象的色彩设计

传统型社交形象的色彩设计应着重营造出正式但不刻板、隆重且高贵典雅的艺术气质。在整体色调方面，可以根据环境色彩进行主色调的选择，并注重细节色彩的点缀。例如在色相上，色彩的差异不应太大，需要保持协调统一；在纯度上，应以中低纯度为主，在细节和小面积部分出现一些中高纯度，以突破沉闷；在明度上，可以将深色作为大面积色彩，配以小面积的亮色进行点缀。一般情况下，整个传统社交形象的视觉中心应集中于头和胸腰部，如妆容精致、服饰低调但结构独特以及佩戴别出心裁的精致首饰等，同时表现出个人的文化内涵与品位。

（二）新型社交形象的色彩设计

新型社交形象的色彩设计应着重营造新奇感、趣味感和个性感的艺术气质。在整体的色调方面，以追求前卫与个性的色彩创意，强调变化而非统一感，以体现出非主流与反传统的风格印象。如在色相上，可以选择一些生活中通常使用率较低的色相进行对比搭配，以表现个性与非主流的独特性，这样的色彩搭配会有足够的吸引力和艺术表现力，让着装成为全场焦点；在纯度上，应该根据具体情况，选择高纯度为主，并合理搭配低纯度和中纯度；在明度上，也可以尽量选择高明度色系为主，搭配中低明度色彩。还可以搭配一些"另类"的配饰和首饰，以体现独特的个性化。

三、运动形象的色彩设计

运动形象设计是指在运动的过程和场合中所涉及的形象设计，如晨练、郊游等运动环境中的形象设计。首先要符合运动的要求，即运动时的舒适性和方便性;适当的休闲性可给人以健康、活力、积极、乐观的印象。

在运动形象的色彩设计上,应着重塑造简洁、轻盈、放松、自然的运动效果。

色调方面呈现两种不同风格趋势:一种是对比类型的,主要以较强烈的运动为主,如健身、登山、球类运动等,在服饰和形象设计上可以突出对比色,选择当前流行色,接的着装,红、黄暖色系的搭配,都能刺激运动员的心理,以表现出兴奋与活力;另一种是柔和类型的,主要以休闲运动为主,如晨练、慢跑、瑜伽等,在服饰上可以运用相对柔和的颜色,如明度和纯度较适中的灰蓝色、淡粉色、奶黄色等,既活泼,又不刺激,以表现出轻松、闲逸的感觉。在运动环境中,为了安全起见,一般不佩戴饰物,要是有饰物的话也应紧贴运动主题,如选择与服饰色彩相关的运动腕表、项圈、护腕、护膝等。运动形象的色彩设计既要让整体形象构成元素之间的色彩协调有序,同时又要表现出丰富的变化。

四、休闲形象的色彩设计

休闲形象设计是指在一些轻松而自在的随意性活动场合,如购物、散步、非正式约会、旅行等场合的形象设计。在休闲环境中,每个人的身心都应该是放松、自由、悠闲的,其形象应该保持自然状态,不拘束、不做作,使人感受到生活闲暇时的一种美好。

在休闲形象的色彩设计上,应着重营造轻松、自由、乐观、悠闲的风格。在整体色调方面,应寻求和谐、统一、柔和甚至带有朦胧色彩的色调。如灰色系、灰蓝色系、绿色系等都是较好的色彩选择。在色相上应显得放松、活泼,色相差不宜太大;在明度上可以搭配高明度的色调,显得轻盈飘逸,也可以搭配中低明度的色调,显得真实、朴素;在纯度方面,选择低纯度的色调为宜,这样可以减少强烈色彩带来的刺激,表现出自然休闲之感。还可以搭配相关素雅色调的配饰,如木制品及贝壳类、编织类饰物，使得整体形象在视觉秩序上均衡协调。

五、家居形象的色彩设计

家居形象设计是指以家居场所为主的私密活动场合和以家庭为基本背景的个人形象设计，如在家庭中的起居、就餐、家务、家庭聚会以及家中互访和接待客人时的形象装扮等。这样的形象设计需要体现家庭风格的轻松、自然，还需体现家庭成员的素养、性格、兴趣爱好等，以给人恬静、雅致、舒适的印象。

在家居形象的色彩设计上，应着重营造自由、轻松、愉悦、亲切的家居气氛。整体色调应该柔和雅致，可选择温馨和谐、纯度不高的色彩，如奶白色、浅灰色、淡紫色、草绿色、鹅黄色等。因为纯度过高的色彩容易引起视觉的紧张和疲劳，在色相和明度的对比关系上也应尽量减弱，还可以搭配一些具有亲和力的淡妆容和相应的配饰进行点睛。

第二节 不同风格的色彩设计

一、古典型风格

古典型风格又称传统型、保守型风格。相对于其他流行风格来说，古典型风格趋于保守、稳定。古典型人通常面部轮廓圆润，五官端庄、精致，肤色均匀，体态匀称，给人以端庄、高雅的印象。

①适合色彩：古典型人可以选择自己季节的色彩群中偏理性化或淡雅的色彩，如选择米色、卡其色、象牙白色、奶油色等，体现出柔和、高雅、素净的气质，还可选择无彩色、灰色系、褐色系、深蓝色、深红色、酒红色、墨绿色、宝石蓝色和紫色等体现高贵华丽的颜色。

②化妆与发型：适合柔和自然的化妆色，眼影和嘴唇的色调要平衡、优雅；发型线条要柔和，适合干练的短发、中发、盘发，整齐严谨的烫发也可。

③服装款式：可选择带有传统特色的温柔剪裁、精致的服装，如做工考究的西式套装等、质地柔软的丝绸衬衣或紧身衣都是最佳的装扮；开襟羊毛衫、双排扣风衣等亦可。

④服装面料：可选择重量适中、高品质的服装面料，如亚麻、华达呢、法兰绒、开司米、细花呢、人字呢、驼毛等加工精细的面料。

⑤面料花色：适合传统和细小对称的图案，如圆点花纹、曲线形、格子图案及大齿形、方格形图案等。

⑥适合配饰：适合精致优雅型的短珍珠项链、黄金和珍珠手链、硬币式的耳环等，还可佩戴钻石、宝石类饰品，但要少而精。精致的腰带、手袋和围巾亦可。鞋子可选择无过多装饰的中跟、坡跟鞋，搭配做工精致、直线型、较小的手皮包。

二、戏剧型风格

戏剧型风格又称夸张型、艺术型风格。戏剧型人的面部轮廓线条分明、存在感强、五官夸张而立体，量感十足，身材骨感、高大。他们着装精细、时髦、自信、大胆，在人群中引人注目，永远都是焦点。戏剧型风格可以通过革新的、富有创造性的、前卫性的服饰和妆容来打造。

①适合色彩：戏剧型的人可以在自己适合的季节色彩群中选择饱和度高、有着对比效果的色彩，如黑色与白色的组合、大胆明快的冷暖对比色组合等。

②化妆与发型：可以突出个性，如将眉毛挑高，选择鲜艳、浓重的色彩作为眼影、唇色等，以强调眼睛与嘴唇的美感和腮红的红润度；发型可选择较大的波浪卷发，梳向一侧的不对称内卷发式也较适合。

③服装款式：适合直线形、有棱角、轮廓分明和不对称剪裁的服装。如华丽的大三角形披肩、民族风的长裙、时尚化有大垫肩的外套等。总之适合以自由为主、无固定式样，甚至可以是夸张的、独特的，并体现些许民族风格的服装。

④服装面料：宜选用光滑、手编织物、华达呢、绸缎、针织品、绒

面呢、天鹅绒以及带有金属风格或闪光风格的面料。

⑤面料花色：交错图案、手工印花染色、手绘图案、具有民族特色的纹样、抽象几何图案、动物豹纹图案等均可。

⑥适合配饰：可以选用夸张、具有抽象感、呈几何造型的现代饰品，如字母造型的项链、宽大的手表、扣子、戒指、闪亮的宝石、耳环、手镯等，佩戴大的、手绘或印染的民族风格的围巾也别具一格。可选尖头、细高跟鞋，搭配硬质牛皮、宽大和有装饰物的包袋。

三、浪漫型风格

浪漫型风格又称华丽型、性感型风格。浪漫型人通常面部轮廓柔美、五官精致、曲线感强、眼神迷人、女人味十足，给人一种多情、魅力、性感的印象。

①适合色彩：浪漫型的人要选择自己适合的季节色彩群中艳丽的女性化颜色，如粉红色、紫色、浅绿色等，但不宜选择过于深重的颜色，主要是体现出高雅、华贵、妩媚、性感和风情万种的气质。

②化妆与发型：妆面宜轻薄，着重体现眼部化妆，以浪漫的色彩营造梦幻的眼眸，如弯翘的睫毛和眉毛，丰满而闪亮的双唇，以营造一种微笑的表情。发型可以是宽松的、不受拘束的有层次感或蓬松的发型，长的大波浪卷发最佳，避免短发或直发。

③服装款式：适宜选择温柔的剪裁，以强调腰部、臀部线条的服装，最适合裙装，可以突出丰满的身材，还可以选用柔软贴身的荷叶边细节，搭配凹陷或低胸的领口结合肩部圆润的造型等，避免穿着直线型、随意型的服饰。

④服装面料：避免硬而厚的硬质面料，宜选用较轻薄的面料，如柔顺的平针织物、双绉、华丽的天鹅绒、丝织物、雪纺绸、有弹力的针织面料等。

⑤面料花色：可以选择漩涡形、性感的动物图案或突显凹凸感的图案等；此外，女性味浓的花卉图案、梦幻般的流线型图案、波点图案等

均可。同时，花纹可以稍大，数量要多，排列无须太整齐。

⑥适合配饰：适合花朵或圆形造型的饰品，不限大小，数量可多，造型可夸张，如强调曲线、有金属光泽感的最佳。悬垂型或环状的耳饰、闪亮的宝石、圆盘形金属链式的表均可佩戴，还可选择有花纹装饰的高跟鞋，质地软、圆润曲线的包袋等。

四、自然型风格

自然型风格又称运动型、随意型风格，是生活中比较常见的风格类型。自然型人面部轮廓呈现直线感的自然状态，神态轻松、自然、不造作，身材亦呈直线型，潇洒自如，给人一种自然随和、亲切大方、热情友善的感觉。

①适合色彩：适合在自己的季节色彩群中选择自然色、大地色等清新、婉约的色彩，如浅咖啡色、驼色、淡蓝色、浅绿色等。尽量回避强烈和对比的颜色，以展现自然型人朴实、平和的性格。

②化妆与发型：以淡雅的妆容为佳，不要过分突出眼影与口红的色彩，可以搭配柔和的眼影色和透明唇彩；发型可以选择简洁、自然的发式，长发、短发均可，不适合烫染发。

③服装款式：适合直线型剪裁的服装，以体现舒适、宽松为主，不宜过多装饰，如领口可宽大、腰部收放自如，不宜过紧。T恤衫、长开襟羊毛衫、直筒裙、长紧身连衣裤、运动衫、牛仔裤等均可选用。

④服装面料：宜选择无太多光感的自然面料，如针织衫、灯芯绒、方格布、条纹布、花呢、棉麻织物、羊毛织物、驼毛织物等，皮革面料也较适合自然型女士。

⑤面料花色：适合格子纹、条纹、动物图案、蜡染印花、佩兹利漩涡花纹等。尽量回避繁复的曲线、小碎花等图案。

⑥适合配饰：平时可少戴或者不戴首饰，若要选择，可以选用一些自然色系的木质、陶质、铜质饰品，以凸显自然、朴素的个性。可以搭配低跟鞋、平跟鞋，佩戴素色编织的包袋、帆布袋以及淡雅色调的围巾等。

五、前卫型风格

前卫型风格又称现代型、摩登型风格。前卫型人的面部轮廓线条清晰、明朗，五官偏小，个性十足，其身材呈直线感、骨感且匀称。前卫型女士性格活泼、外向，表现出一种对传统观念的叛逆和创新精神。

①适合色彩：可以不受色彩审美原则的限制，大胆选用自己色彩季节型中纯度、明度较高且有韵律感的色彩，如选择大红色、柠檬黄、湖蓝色等组合搭配，但应尽量回避浅淡和灰调的颜色，以色彩的强烈对比和冲击力体现独特的气质。

②化妆与发型：妆面的色彩不宜多，仅需强调眼影与眼线的力量感，并配合唇部的色彩做好呼应即可；发型可以根据不同的脸型来定，忌古板，可以进行不对称的剪发、局部的染烫等。

③服装款式：适合于最流行和前卫的服装款式，可采用不对称的剪裁方法，如蝙蝠衫、悬垂感强的服装和未来风格的夸张服装等，以凸显前卫型人标新立异、与众不同的性格。

④服装面料：粗、细质地的面料都可尝试，并尽量选用当年流行的面料，如荧光色、涂层面料等，显示出独树一帜的个性风格。

⑤面料花色：适合比较夸张的图案、如抽象图案、多色几何图案、动物皮毛图案、变形的花卉图案等均可。

⑥适合配饰：适合造型怪异夸张，如几何形、抽象形的饰品，还可佩戴多个色彩和材质的手镯、多枚戒指、多个耳环等，鞋子可以选择尖头鞋、细高跟鞋、厚底鞋等，以搭配硬质的水牛皮包、鳄鱼皮包、蛇皮包等。

第三节 不同风格主题形象创意设计

一、形象创意设计的流程

（一）解读创意的设计灵感

灵感是设计的灵魂，区别一个形象创意设计师是优秀还是普通的关键，就是看他是否具有精彩的创意，所以造型的第一部"曲"就是创意。创意灵感的来源是多种多样的，可以从哪些地方寻找灵感的源泉呢？

首先，可以解读历史，从历史的长河和民族的传统文化中挖掘创意。我国是一个有着五千年灿烂文化的国度，每个不同的朝代有着其独特的审美标准。无论是商的"威严庄重"，周的"秩序井然"，战国的"清新"，汉的"凝重"，还是六朝的"清瘦"，唐的"丰满华丽"，宋的"理性美"，元的"粗壮豪放"，明的"敦厚繁丽"，清的"纤巧"，无不体现出中国古人的审美设计倾向和思想内涵。

其次，自然界是获取灵感的永无穷尽的地方。大自然赋予了世界很多美好的生灵，无论是动物还是植物，它们天然生成的奇幻造型、斑斓的色彩、完美的轮廓都是人们可以无限创意的源泉，在后面的章节中会具体地讲述仿生妆的画法。

再次，还可以从经典的影视和戏剧作品中寻找灵感。夸张剪裁、抽象几何设计，很少出现在现实生活的穿着中。

其实只要用心去观察，生活中就会有很多可以吸取灵感的事物，不管是建筑、雕塑、绘画，还是一个一闪而过的文字，一个梦境，一段音乐，只要人们愿意留心去体会生活中的一点一滴，精彩的创意是层出不穷的。

(二) 了解设计对象

造型化妆离不开模特儿，模特儿是艺术创作的载体，离开了模特儿，设计师有再好的才华也是无从施展的，所以了解模特儿是化妆造型的重要环节。首先，必须对创作对象所要表达的创意，模特儿的轮廓和气质个性进行分析，一个好的造型师很会发现模特儿独特的美。作为设计师，善于挖掘模特潜在的魅力和气质是十分必要的，这也是一款创意设计是否成功的重要因素。

(三) 注意与舞美风格统一

在舞台和摄影棚中，除了模特儿和演员，其他的都是舞台美术的范畴。随着艺术和科技的发展，各种表现舞台美术的技术越来越完备，艺术造型也越来越丰富，使得舞美艺术成为整个创意设计的一个重要组成部分。

舞美艺术属于二维创作空间，是在造型师和摄影师甚至舞台剧导演构思的基础上进行的再创造。舞美艺术的特点是综合性的，其本身也是由布景、灯光、化妆和服装等多种造型因素组合而成，这些造型因素既独立又相互联系，实际上是不可分割的艺术整体。因此作为专业的造型师，要充分地和舞美师沟通，把自己的创意和构思表达出来，了解什么样的舞台背景才能烘托出最佳的效果。比如，在时装发布会上，由于模特儿都是夸张的妆容，所以舞台的灯光除了适应特殊气氛的需要外，很少用彩色的灯，因为冷暖不同的光源会对服装和妆容的色彩产生影响。在摄影棚中，也要根据服装和妆容的感觉和色彩选择背景的类型。这种综合性的艺术是对设计师全面水平最好的考验，只有在不断地实践过程中才能更好地把握。

(四) 设计图的表现

在寻找到了创意的灵感来源，了解了模特儿或者演员的形象气质以及与舞台和摄影背景的相关创作意向后，用图像表现人物是将创作对象形象化、立体化的第一步。很多时候设计图可以丰富人们对人物形象细节的思考，加强与模特儿的沟通。

如何用最好的手法诠释创意是化妆造型依据的基础。设计图的表现方式是多种多样的，要根据不同的演出形式设计。有些写实的创意需要在化妆的时候能够把所有的细节都完美地表现出来。在绘制图纸的时候，如果能很细致地把人物的外形和细节都表现出来，对前期的各种造型都是很有帮助的。比如发型的梳理样式和局部纹理、饰品的颜色和材质、特殊配件的制作方法和材料等。写实性质的化妆设计图，也可以用其他随意的方式表现，这样也许会有很强的画面效果，但是整个创意设计是要根据设计师的设计进行化妆准备的，所以就需要再把细部的详细样式、配饰的具体用量以及颜色的调配等进行细化，以便于稍后的案头

第七章　不同形象与风格的色彩设计

工作能够更完美地体现设计思路和设计理念。

（五）完成创作

1. 案头准备工作

可以这么说，"解读创意的设计灵感"是把握设计的整体感觉；"了解设计对象"是要找到应该用什么方法和风格表现创意；"关注各方"则是要了解在设计的过程中要注意的事情；设计草图是艺术的构思，那么，"完成创作"就是艺术创作的最后实施。

在这个阶段，需要对之前所做的工作进行梳理，这种准备是全方位的。化妆造型是细致的工作，任何一个细节都需要在正式的化妆之前做好相应的准备。比如模特儿的假发、化妆品等，甚至需要用到的细小的配饰如羽毛、亮片、水钻等都要准备妥当。如果化妆造型和创意比较繁复，这样的前期准备就更加重要了。有些造型的饰品是需要事先制作好的，比如特殊角色的皇冠，夸张的翅膀，仿动物的头饰等。因此，在画设计图的阶段，应该为之后的"案头工作"做好必要的设计。比如，发型的样式就要在设计图中画好正面、侧面和背后的形象，特殊的配饰也要画好制作的方式和细节的处理，包括所用的材料等，只有这样才能比较完整地把设计师的初衷展现出来。

2. 试妆

不管对象是模特儿还是演员，在演出或者进摄影棚之前试妆是非常必要的。因为在进行形象设计前虽然和演员进行了沟通和交流，也在平时注意观察了他们的气质和形象，但是设计图所表现出来的效果和在演员脸上进行造型是不一样的。平面静止的图纸和立体的、表情活跃的真人相比较，后者对化妆造型的限制要多得多，但是反过来看，优秀的演员和模特儿的配合以及他们自身对于角色形象的理解与把握，有时也会比设计图的效果好很多。

试妆是对设计图纸和设计思想的完善，试妆也是对正式演出或者拍摄的练兵，只有不断地在模特儿脸上进行调试和修改，才能在最终的表演中淋漓尽致地体现最佳的造型效果。

3. 演出造型

所有前期的工作都是为了最后舞台或者摄影棚中的表现，经过试妆之后，也许化妆的效果没有太大的问题，但是后台的化妆镜前与舞台和摄影棚中的色温、灯光照射的角度以及空间的大小等都会有很大的不同。所以在正式演出前，彩排是至关重要的，化妆师也必须参与其中，要在台下观看在灯光照射下妆容的变化，看看妆容的浓淡，金属配饰的反光是否过于强烈，发型的比例是否合适等。一般情况下，在化妆镜前的妆感正好，那么上了舞台可能会稍微淡了点，而在镜子前稍微地"过"一点，或许在舞台上则恰到好处。但这也不是绝对的，要根据演出的剧场或者T台的大小以及舞台灯光的色彩和强弱等具体情况而定。

二、形象创意设计的方法

（一）运用形态进行创意

形态是化妆造型艺术中最为重要的一个环节。因为和其他客观事物一样，人物的形象都有各自的外观形式。化妆形态包括"外形式"（造型的轮廓线条、整体形式、色彩、光感、质地等）与"内形式"（这些造型因素按照一定规律组合起来所表现的内容等）。化妆设计就是利用形象的外在因素以及彼此之间的组合关系，创造出被观众感知、产生美感、引发联想和共鸣的艺术形象。

人类在长期的社会实践和劳动中，按照美的规律塑造事物的外形，逐步总结了一套形式美的法则，如多样统一、平衡、对比、对称、比例、节奏、和谐等，一切美的内容都可以用一定的形式表现出来。

1. 常态形式设计

在化妆设计中，运用形式美进行创意设计是重要的方法之一。比如，对称和谐的形式，在传统审美中常常与平静、稳重、优雅等感觉联系在一起，所以在设计这类角色的时候，除要考虑角色的时代特征、民族特征外，还要考虑在发型和服装设计中运用这些元素。如果要设计一个具有明显个性的、地位显赫的或者妩媚的女性，那么卷曲的线条、对比强烈的形式就容易出效果。

2. 局部变异

戏剧和舞台妆的方法具有多样性，造型设计也是如此。在很多时候，常态设计已经无法完美地表现作者的设计思想或者在作品中要特别表现人物的外在美的时候，就需要加入局部变异的设计手法了。

3. 整体变异

在某些完全注重形式表演的演出和不需要任何特别限制的秀场中，可以在人物造型上进行大胆的创造。新的构思、新的材料以及对主题的演绎可以完全打破常规和常态，用全新的形式表现设计者的创意。但是在这样的整体变异中，实际上也是有许多规律可循的，这些规律也常常会用到形式美的法则。比如，比例、色彩和谐、造型节奏等，将形式美的法则向极致发展就会形成特别的造型样式。

整体变异指人物在外形上可以不遵循常规形态，运用"不对称""不合理""不协调"的方法，给人以强烈的视觉冲击力。比如毛戈平彩妆发布会上，一款白色的造型在腰间做出不规则的花朵造型，在模特儿整体以紧身服装陪衬下，一松一紧，相得益彰。

(二) 运用色彩进行创意

色彩也是形式法则中的一个重要元素，化妆造型最重要的手段就是利用色彩变化创造新的形象，所以了解色彩的性能、特点以及在化妆操作中的运用就显得格外重要，色彩被喻为化妆的灵魂。

1. 运用色彩的相貌与特征进行造型设计

色彩就像不同的人有不同的外貌一样，赤橙黄绿青蓝紫也都各自代表了具体的色相，这主要是指不同的波长给人以不同的色彩感受，是区别色彩种类的名称。不同的色彩有不同的特征，这些特征会使人产生不同的审美感受。但是色彩本身不是固有的，是人类在观看色彩时的一种审美联想，这种联想也没有统一的尺度。比如，白色既可以是纯洁、干净的，也可以是伤感无力的；黑色可以给人沉重肃穆之感也可以体现高贵庄严；红色象征热情刺激。而且不同的种族，不同文化背景赋予人的生活经验和审美经验也是不一样的，这些不同也会随着年代、年龄等有不同的差异和改变。

化妆造型往往是利用人对色彩的感受和联想进行主题创作。同时在这个创作的过程中，也会将色彩在审美中所具有的象征意义和审美的共性一并考虑进去。

化妆造型设计中，首先要考虑的就是色彩与形态，色彩对形态的表现举足轻重。一个好的形式创意，加上巧妙的色彩运用，成功的可能性就很大。

2. 运用色调进行造型设计

在绘画中常常讲究画面的色调。所谓色调就是色彩的主要倾向，如蓝色基调、紫色基调、黄色基调，等等。这里指的基调并不是单纯的某种颜色，因为色彩变化是极其丰富的。比如，在红色中加入不等量的白色就会产生几个明度、纯度不同的粉红色系；如果加入黑色就会产生几个灰红色系。因此，设计师在进行形象创意的时候，除了对色相的选择应加以考虑，同时还要考虑到这个形象的基本色调，尤其是包括服装在内的整体设计。因为这是最重要的前提，是观众欣赏设计作品时的首要感受。

对于脸部化妆来说，色调的运用相对服装而言就有一定的局限性，化妆经常是需要根据服装的色彩基调来确定。

3. 运用色彩的变化与对比进行设计

色彩在运用的过程中会产生无穷的变化。这样的变化首先来自色彩的特质。一个颜色可以有颜色明暗的变化，色调冷暖的变化，也会在色彩运用的过程中产生对比后的变化，而色彩的每一次变化都会在视觉上形成不同的感受。

色彩的明暗程度无论在绘画还是化妆中都是很重要的。在化妆中化妆师经常通过色彩的明暗改变脸部的轮廓，从脸型的调整到五官局部的修整，都需要通过色彩的明暗对比表现。色彩的敏感度对于光源来说，可以称之为光度。对于物体而言，除了明度以外，还可以被称为色彩的亮度、深浅度等，明暗度是搭配色彩的基础。

色彩的鲜艳度也是造型设计中不可忽略的一个因素。在化妆中，色彩的饱和度对比以及使用，经常是塑造形象的主要方法。比如在脸部化妆中，需要表现凸出的部位或凹陷的部位，在用色上就是很有讲究的。按照色彩明暗的规律，明亮的鲜艳的颜色有向前凸起的感觉，而灰暗的颜色则有退后凹陷的感觉，色彩的这些变化在化妆表现中是有重要作用的。

色彩是化妆造型中最为重要、最为基本的手段，对比与统一又是艺术表演中最根本的手法。一件艺术品的魅力正是从互相对比、互相烘托、互相辉映中反映出来的。同样，在化妆造型的过程中，自如地掌握色彩的弹性，自觉地运用对比的原则，就可以创造出千变万化的艺术效果。

（三）运用材质进行创意

在造型设计中，演出类型和内容形式决定了形象设计的多样化。过去的人物形象设计主要以传统材料，如纺织品、假发等作为服装与化妆的主要造型材料。因为材料决定性质，某些材料的可塑性非常小，因而很难达到设计者所要表达的理想效果。因此在进行人物的形象设计之前，不妨在材料的创新上动动脑筋。

常规的运用到服装和造型上的材料，是指普通的纺织品面料，如毛织物、棉织物、麻织物、化纤织物等。此外，皮毛、无纺布等也是常用的材料。随着科技的发展，这些纺织类的材料在质地和色彩上也有很快的发展，并且出现了很多新的品种。使用常规的材料需要在形式和色彩上独具匠心，让普通的材料呈现出不一般的视觉效果。

从狭义的角度讲，服装是用天然和化纤纺织品为原料制成的；从广义的艺术角度来看，服装就是一切可以用来装饰身体、塑造角色形象的物质的总称。这种概念的提出，使服装和化妆造型的材料不仅可以是纺织品，还包括生活中许多其他材料，比如，塑料、橡胶、金属、纸制品以及所有可以使用的物品，甚至是餐具、家具用品、工业材料等。对于这些非常规性材料的设计与使用，关键是要看这些材料的性能质感和组合能力。这种组合不仅是材料本身的组合，还包括设计师对于各种材料特性的整合和搭配能力。

许多材料在没有经过重新处理的时候，本身是不具备观赏性和美感的，但是经过分割、折叠、弯曲、缠绕、编织等人为的工艺处理后，呈现出的效果就会完全不一样。

发现和选择造型的材料，首先要根据创作的主题和要求来考虑。设计师的设计要表现什么内容，这个内容以什么样的形式和色彩出现才会产生理想的效果，根据这些想法去寻找材料就不至于陷于盲目。

在艺术造型设计中，可以考虑在传统材料的基础上大胆地使用一些非常规的材料，以体现材质的不同美感和可以表现出的不同效果。艺术表演的特征之一就是夸张，将生活中不能或者不适合的造型在聚光灯下展现，而夸张的表现首先就需要创意。新颖的设计如果从材料开始就有意想不到的效果，会给人耳目一新的感觉。非常规的材料有新意，有艺术的感染力，很重要的一点是它能让观者产生新鲜感。材料的新鲜感在整个造型中处于非常重要的位置。

三、民族文化形象创意

民族文化形象创意是一个开放的有着巨大生成力的创意理念，其内涵非常丰富。民族文化形象创意，内涵是极其丰富的，它是以文化为载体的综合设计，文化是中国面对世界最深厚的沉积，东方的古老文化有五千年的历史，是世界上唯一从没有间断过的、延绵至今的文化瑰宝。

四、装饰性形象创意设计

装饰艺术是人类发展史中重要的艺术形态之一，也是人类社会最普遍的艺术形式它不是一种纯艺术现象，它首先是人类为生存而进行的造物的创造性活动，无论在哪个年代，哪个地方，人类发展中的每个时期，装饰艺术都体现了这个时期的文化和艺术水平在设计上的发展，它与现代设计也有着惊人的相似之处,因此,装饰艺术成为现代设计创作灵感的宝贵源泉装饰艺术在现代设计领域中有着举足轻重的地位。

五、仿生类形象创意设计

仿生类形象创意设计主要依赖的是仿生构思法。所谓仿生构思法,就是运用仿生学的手段模拟自然界的一种造型方法,是很多设计师极为喜好的一种方法。形象生动的造型常常蕴藏着设计者的某种意念和情趣仿生审美追求自然界和宇宙间的美好形象,并加以创造和改进,体现出人类对美的深层次的渴求。仿生类形象创意设计受到自然的引导,运用特有的思维手法表达出了新颖的设计创意。

第八章 服饰创意与传统服饰文化的融合

第一节 中国服装设计的现代化

随着社会的迅速发展,人们的着装观念发生了很大变化,由此也促进了现代服装设计理念的更新,即向注重人性化、文化内涵和绿色环保等可持续方向发展。现代社会已从机械时代进入电子时代,与人类生活息息相关的服装行业自然也经历了由工业社会向信息社会的转变。为了提高设计素质,增强设计实力,服装设计必然在观念上发生许多变化,如在人们的思维和穿着上积极倡导科学健康的着装观念和生活方式,在服装的功能和形式上注重反映当代社会的后现代主义的文化思潮和艺术风格。

一、现代服装设计理念的概述

自古以来,人们便开始利用能收集到的各种材料制作服装,以满足最基本的遮体御寒之功效。经历了数千年的历史变迁,衣着作为衣、食、住、行等基本生活需求中的很重要的一项内容,既是人们保暖生存的需要,又是人们在身份地位、修养品位、外形气质的象征。服装既作为满足人们基本需求的用品而存在,又被赋予了更深层次的文化内涵。对于现代人来说,服装的意义已经不再仅仅是简单的生理需求,它现在已然成为人们在社会生活中不可或缺的一种"道具"。服装现在既是一种身份地位的象征,也是社交礼仪的形象。服饰文化既成为不同人群的身份、年龄和阶层代表,更是人类不断追求创新、张扬个性、表达美和阐述美的重要象征,是人们对美好事物发自本能的渴求和向往,在多姿多彩的服装背后，传递着不同时代的文化特点和精神诉求。

服饰文化发展的两千多年以来，每个不同的时代都创造出了很多风格独特、造型绚丽的服装样式。随着时代的变迁，如今的社会物质文明和精神文明高度发展，与之相呼应，现代人的着装理念和着装水平也有了极大的提升。最突出的一点，人们开始对文化具有更为迫切的要求，希望在自己的衣着服饰上体现出独有的文化韵味。因此，现代人更多关注着服饰文化的内涵。于是，现代服装设计开始更多地把注意力放在一些传统与民族的元素上面，包括这些元素在服装款式、面料、色彩、服用性能等方面的运用。这些对传统服饰文化元素的借鉴运用以及各种各样新面料的发明，还有面料性能上的不断突破，无一不体现出现代人对服饰的要求越来越高的同时，也对富有传统性的设计元素越来越热衷。通过现代服装设计中人们越来越多地能看到传统元素被运用的例子，如大量复古风格的服饰设计与生产，这一切都表明了当下人们对服装的要求并不仅仅局限在对时尚潮流的追赶上，同时对本民族服饰也有发自内心的喜爱。从大众普遍心理的内在诉求来讲，方便、实用、健康、舒适永远是人们日常着装的基本标准，因此也已然成为世界潮流中品牌设计的基本原则。由此人们不但要注重服装的观赏价值，还应该把服装的功能性和观赏性放在同样重要的地位上。另外，在不同的环境中，针对不同的情况，还有必要根据每个人的个性特征和不同地理位置的地方特色将两者另外进行综合评估。由此可见，理性因素作为现代服装设计中的重要因素，其在服装设计中的地位是不可忽视的。

不过也应该意识到，在现有的条件下，民族传统上的服装很难实现批量生产，最多能够在整体外形制式上实现社会阶级区分的要求，以个体的视角来看仍然是绝无仅有的"作品"，并且更像是一种富有艺术内涵的手工艺品。这些手工艺品风格各异、工艺繁复，装饰效果非常明显。因此，现代服装设计更关注其设计理念本身，即传统性与现代性的融合，观赏性与功能性的融合，科技与环保的融合，多元化与风格化的融合。针对这些在新时代之下的服饰文化呈现出的新特点，现代服装设

第八章　服饰创意与传统服饰文化的融合

计的创新理念具体体现在以下几个方面。

(一)"以人为本"的设计理念

"以人为本",即将人作为一切发展的根本,处理一切事情都必须从人的角度来考虑,"人"既是出发点,也是归结点。"以人为本"乃春秋时期齐国名相管仲首先提出,孔子的"仁者爱人"、孟子的"民为贵"、老子的"以百姓心为心"都可谓是"以人为本"的重要内容。"以人为本"作为如今社会所大力倡导的核心思想,也是经营者和管理者在面对消费市场和各级员工时所秉承的基本理念。社会的发展离不开人,只有坚持"以人为本",社会才能实现公正、和谐、科学发展。生产者需要在生产商品时遵循"以人为本",将满足消费者的物质及精神需求置于首要位置。与此相似,在现代的设计领域中,"以人为本"含义在于服装为人服务,以人的需求尤其是生活需求和心理需求为本。这一理念最初作为设计的准则,经广泛使用后逐渐成为潮流所趋。"以人为本"也成为现代服装设计界的一个非常热门的话题。

新的服装设计理念,应该是"形式"和"功能"缺一不可,精神和物质功能同时具备。于是,才有了目前市场上满足不同消费群体需求,符合不同设计风格的服装产品,如简约的、传统与古典的、休闲的、中性的、奢华的、前卫的等式样;在服饰穿着上也出现了曾经风靡一时的外长内短、外短内长、长短不一的"混搭风"。这种"混搭风"将不同风格、不同材质、不同身价的东西按照个人口味拼凑在一起,从而混合搭配出完全个人化的风格。这一混搭哲学中最基础的原则是穿出层次,特别是学会运用叠穿法则,在这一叠穿法则中最重要的是搭配的节奏感,以一个大体的基调作为主线,其他风格进行点缀,有主有次,无论是从衣服到配饰,还是从脚上穿的鞋子和肩上背的挎包都要围绕一个主题。同时,这种混搭特别注意颜色,服饰混搭的颜色不要太多,以三四种为宜,另外也关注颜色之间的过渡和呼应,从而能够在一种漫不经心的随意性中体现出别样的精致和细腻。"混搭风"既能让服装体现出其基本的实用性能,又符合了大众的审美需要,特别是广大热爱时尚的年轻群体的口味，从而使现代人通过利用几件普通平常的衣服，在大街小巷中也能穿出味道，穿出时尚，穿出个性。

当然，服装风格的多元化，也是人性思想与精神内涵多元化的要求，"以人为本"的设计理念也正是基于这种背景而产生的。对人性的重视是"以人为本"设计理念的根本，其突出要点在于尊重人、关心人，强调人的个性，大力发展人的多元性，理解不同群体的精神内涵和思想特点，从而进一步在设计中体现出人在穿着服饰时所展现出的社会因素、个人因素、心理因素和审美因素。只有将设计理念建立在"以人为本"这一核心思想之上，才能设计出既具有亲和力、简洁大方，又独具美感、富有情趣、清新脱俗的服装产品。无论这一产品具有怎样的风格，其一定是满足人的着装需求，提升人的审美认知，提高人的生活质量，从而最终实现人的自我价值，这也是现代服装设计的最终目的。

"以人为本"的服装设计理念还表现在"以人为本"的服装品牌设计理念。这种设计理念和形式的变化都在渐渐地适应和满足社会环境和人们的审美观与功能的需求。随着科学技术的进步，消费市场的需求和大众审美趣味不断变化，但有一点是永恒不变的，那就是人的价值。许多优秀的服装品牌并非有华丽的外观和昂贵的价格，但它们都遵循着一条基本原则，即尊重人的价值，讲究人道，将基本的人本主义精神融会贯通于服装设计作品之中，从而使人将衣着服饰变成一种美的体验和生活的享受。

（二）绿色环保的设计理念

绿色环保设计是以节约资源和保护环境为主旨的设计思路和方法。设计师从设计观念上进行创新和变革，要求现代服装设计创新观念的重点要本着对自然、人类社会负责的态度，从自然、科学、环保、节约等各方面出发，不仅从美术设计的角度，而且更多的是从回归大自然的角度出发，唤起人们热爱自然、保护自然的意识。

在绿色环保理念下设计出来的服装不仅从款式和花色设计上体现出环保意识，而且从面料到纽扣、拉链等附件也都采用无污染的天然原料；从服装原料的生产到加工也完全从保护生态环境的角度出发，避免使用化学印染原料和树脂等破坏环境的物质。绿色环保风和现代人返璞归真的内心需求相结合，使绿色环保型服装正逐渐成为时装领域的新潮流。

这种无污染的绿色环保服装具有广阔的市场前景。特别是婴幼儿服装市场对绿色环保服装有着极大的需求，年轻的父母为了保护婴幼儿童，使孩子娇嫩的身体远离化工污染，对纺织原料的加工过程表示出了极大的关注。纺织原料加工过程中特别是染整时采用怎样的染料、化学助剂是衡量服装是否具有生态性的重要指标。目前我国的某些企业已经在童装上开始利用植物染料，当然不容忽视的是，植物染料还有很多地方需要研究、开发。另外，运动服装市场也对绿色环保型服装的开发表示出了极大的兴趣和热情，越来越多的体育爱好者开始追求这种绿色、生态、无污染的新型服装。同时，值得关注的一点是，广大中小型服装企业在服装配件上的设计也体现出了环保理念，在服饰配件中，已出现了不少时尚美观的绿色环保产品。

随着现代社会生活节奏的加快，人们的生活压力加大，对纯真绿色大自然的回归和对悠然安适的田园生活的向往成为很多现代人的精神追求。因此，现代服装中的绿色设计迎合了人们的这一心理，通过利用各种新型绿色环保材料、保健材料、纯天然材料，推崇对自然的保护和田园乡村的回归。其特点表现为极其简洁大方的造型设计，充满着质朴感，却不失时尚与灵动。这种简约而不简单的设计更注重机能性，减少了烦琐的装饰，从而创造出宁静安逸的乡村田园题材款式，这种款式可以为城市中忙碌的人们带来久违的平和感与浪漫的气息。在我国，这股浪漫田园的绿色风也开始悄然兴起，以都市知识女性为顾客群，整体穿着方式简洁、随意，张扬着时尚的色彩而不乏自然的魅力，体现了极具中国特色的都市田园风格和浪漫情怀。

在绿色环保观念的指导下，现代服装理念以天然环保的面料、追求自然的简洁有力的表现形式、舒适合体的设计、回归自然的色彩为主题，彰显着绿色环保和保护资源的需求，这是对于人回归自然的一种反映，这项新设计也有着广阔的发展前景。

(三) 与科技同步的虚拟设计理念

工业、信息产业和科学技术的飞速发展，加快了人们的生活节奏，也使生活方式更加多样化。现代社会已从机械时代进入电子时代，科学技术日新月异的长足发展无疑也为现代服装设计注入了更多新鲜的血液，与人类生活息息相关的服装行业自然也经历了由工业社会向信息社会的转变。从传统的服装手工业到工厂纺织业，再到运用最先进的计算机进行服装设计和服装生产，人们正在经历着一场现代服装界的历史性变革。而以计算机为代表的现代科学技术正在不知不觉中影响着现代服装设计的基本理念。其中，以近年来出现的新兴设计——虚拟现实服装设计便是在这股浪潮中涌现出来的典型代表之一。

所谓虚拟服装设计其实是一种通过计算机对现实情境表现的真实模拟，是服装设计师与计算机图形动画技术最理想的结合。其存在特点是虚拟的数据形式，而实质却是最接近真实的仿真模拟。它完美结合了计算机技术和动画技术，设计师通过它可以进行从外观、尺寸到样式的精确设计。这种虚拟的设计技术被广泛应用于立体电影、地图模型、计算机广告特效制作等，也应用到了立体的时装设计及服装工业等各个领域。

虚拟服装设计技术已经开始逐步投入市场应用。一方面，许多虚拟服装设计网站开始为对衣着时尚要求比较严格的高级客户量体裁衣，定制服装。他们通过网络在线与顾客进行沟通，先利用顾客的人体三维模型，将顾客的需求和自己的设计理念结合，再进行精确尺寸的二维服装片的设计，并把服装衣片缝合后穿戴在三维人体模型上。他们通过对计算机软件的利用，可以事先对布料的质感、风力、运动、重力等因素进行参照设置，这样就可以真实地模拟实际穿着时的各种效果。在虚拟的设计方案中，设计师和顾客可以通过网络对设计方案的细节进行实时详尽的沟通，通过此种方式，顾客从某种程度上能感受到面料的悬垂感和机械性能，同时也能看到其模拟出的实际穿着效果，如果顾客对其结果不满意可马上在二维或三维空间对衣片形状和材料参数进行修改改善其效果,设计师也会由此对面料、裁剪、色彩进行调整,通过不断调整实现服装设计的改进。这样一来,顾客既可以通过在线不断修改最终得到较满意的设计创作,还能体验到和设计师一起设计的愉悦感,从而乐于购买。

一方面,虚拟现实服装设计在为高级顾客进行量身定做的同时,目前也开始广泛用于为广大普通消费者进行网上销售服装。我国对这项新兴技术进行了开发与实践。另一方面,"创新科技中心"引进了全球最先进的三维激光人体扫描仪,这种扫描仪可以大规模搜集中国人体数据。创立中国人体数据库是中心的另一项重要工作,它将使中国服装工业走上真正的科技之路。

(四) 文化内涵的设计理念

21世纪是文化繁荣的世纪,是信息爆炸的时代,通过信息的飞速传播,各种文化进入了不断碰撞、演变的大融合时期。由于科技的发达和物质条件的提高,服装所具有的基本实用功能普遍较容易得到满足,从而使得人们转向追求服装展示个性、实现自我的审美功能,使服装在美化人的外表的同时更进一步反映人的内在思想理念和精神世界。因此,今天的服装更多地被视为一种能满足人心理需求的精神产品,表现出了较高的艺术品位和丰富的文化内涵。作为时代文化的象征,对服装的设计无疑与当时社会的文化艺术有极密切的关系。纵观服装设计在形式上先后产生的种种变化,其中就有来自文化因素的不可低估的影响。简而言之,服装成为一种时尚的文化,一种流动的艺术。这种艺术与其他艺术作品相比具有独特的属性。这就要求服装设计师们要紧随时代发展的大潮大浪,与时俱进,在创新的主流思想指导下孕育不同的文化意味,进行对传统服装设计因素的大改造。

为了体现服装背后独有的文化价值,发掘服装的文化内涵是必不可少的。如何才能从看似随意的服装背后发掘其所具有的文化内涵,这就要求现代的服装设计应突出文化理念,讲求文化品位,以丰富的文化内涵传达服装形象,塑造独特风格。文化理念的注入使服装的样式、风格和品位都提高到一个新的层次,从而也使现代服装设计进入一个更加多元化、更加深层次的发展阶段。现代人们不再满足于功能至上、纯技术化的单一设计,而是从自然界、从历史和传统中寻求具有文化价值和艺术个性的多样设计。因此,在现代服装设计中,多元文化逐渐取代了单一文化,地域文化特色尤其受到了肯定和重视,人们更注重服装的传统文化内涵与多元的现代文化的完美结合。

服装文化作为文化的一种形态,存在于特定地区的自然环境和社会环境中,因此具有特殊的地域性。服装设计对地域文化特色的尊重,表现在其设计风格反映出不同地区的风土、气候等自然条件的差异以及异质的文化内涵和不同的民族个性。优秀的现代服装设计保留了服装区域性的文化特色,充分体现了该地区的文化感,同时,还对传统文化加以挖掘、创新,对外来文化进行兼收并蓄,将不同民族、地区乃至具有地域性、个性特征的现代型文化、传递文化的互动与融合,兼容并蓄是现代服装设计文化理念所具有的一个重要特征,也是当代服装设计的一个发展趋势。

民族的就是世界的。我国的民族服饰有着悠久的历史文化,为众多设计师带来了不朽的灵感之源,设计师们继承民族传统,寻觅中华民族传统文化之魂,寻觅中华民族生生不息的民族精神,并在设计过程中将其融会贯通,充分将民族文化发扬光大。

文化是不断传承发展的,在新时代的大融合潮流下,其发展也是空前巨大的。一切的艺术设计都要符合其时代背景,社会大环境下的技术水平、审美需求、文化内涵都是服装设计理念、手段、技术的实行基础。在科技高速发展的现代,服装设计理念更是将其所传递的文化精神和思想内涵放置在一个不可忽视的重要位置。

设计是一种需要融合多个方面的复杂思维活动,要成为一名成功的服装设计师,就必须拥有敏锐的时尚触觉,此外,还需要掌握一些个性化特征。服装设计是一种富有创造性的思维活动,它的存在并不只是单纯地为了创造表面的意象,更重要的是需要融合社会现象、文化水平、当时的观念以及人们的个性体现等。设计是将色彩的运用、艺术的思维以及人类情感表现高度融合的体现,并且,无论是最终成品将要产生的视觉效果,还是对日常生活和情感的感悟,都需要设计师们发挥得淋漓尽致。人们周围的每一个物品都可以说是设计理念与创意的产物,在日常生活中充满了设计所带来的美感,在任何一个社会历史时期都离不开设计元素,而这一切都需要归结到一位拥有审美意识观念的创作者手中,也就是通常所说的服装设计师。在这个人们的消费水平得到了明显提高的时代,越来越多的人开始追求能够体现自身个性化的产品,因此服装设计师更需要从特色化的角度出发,在自己的作品中体现个性化的元素和以人为本的特征,只有这样才能够让消费者的个性和审美需求同时得到满足。

二、现代服装设计的精神文化载体功能

(一)服装是社会生活中一种重要的精神文化载体

纵观漫长的人类历史,纵观丰富的各国文化,在其历史特征和文化特色中都缺少不了服装,正是通过服装这种表达形式,地球上各民族共同创造了丰富多彩的服饰文化。服饰就是这样的典型产品,尤其是在物质生活较充沛的社会生活中,服装的物质效用虽然仍然存在,但往往精神文化内涵已占主角,浏览古今中外的服饰发展,服装的精神文化价值的内涵体现得确凿无疑,服装的精神文化价值内涵有社会性、文化性、审美性。

1. 服饰的社会性

没有了社会的存在,就没有了推动服装发展的动力。每次服饰风尚的背后,都有其社会背景,服装与社会存在着密不可分的联系。因为自从人类社会产生以来,人便社会化了,人成长于特定的社会文化环境中,形成适应社会人文化的性格特征。对于社会中的人,服装具有两面性。一方面,服装具有个性化;另一方面,服装表现出的个性化特征又是社会化的,因为在社交生活中,服饰的认可是那么重要,服装很多时候是人生舞台的潜台词,所以才有古语"人靠衣服马靠鞍"。在现代社会中,着装者通过自身服饰能够表达出的生活理念、精神层次、个性化

追寻形式等,而这些服饰自身文化语言更加受到设计师与消费群体的重视。

2. 服装的文化性

服装与文化同在。人类所有的文化都是人类社会在历史发展过程中所创造的物质财富与精神财富的总和。服装是物质财富,也是精神财富,自然属于文化范畴,服装的文化功能表现在:服装具有历史文化记载的功能;服装具有地域文化特征;服装更有心理文化的表征。在后现代服装设计语言里,服装在长期发展过程中所形成的上述诸项文化功能更是成为服装设计师自由发挥的灵感源泉。

3. 服装的审美性

对美的追求始终使人类的精神高尚、愉悦,人类对服装审美观念的变迁始终是推动服装发展的强大动力。各个时期,人们对美的认识有所区别,服饰也悄然随人们的心理变化而变化着,因为服饰审美特征是人性审美特质中最外化的表现形式。

(二)后现代主义服装设计中的中国传统服饰元素的来源

后现代主义服装设计强调对装饰主义的恢复,而人类服饰文化的积累无疑为此提供了丰富的素材库。简单回顾一下我国服饰发展史可以清楚看出后现代主义服装设计对历史与民族服饰文化回归的脉络。

中国传统服饰的基本形制是长衣样式,战国的深衣、汉代的袍服、魏晋的大袖长衫、直到近代的旗袍,都属于长衣式样。

汉代女服是绕襟深衣,三重领,衣身绣乘云纹,衣领衣袂均有锦制边缘,穿起来显得身材挺拔,由此不难理解长衣样式为何在中华服饰中长盛不衰。魏晋时,服饰是广袖长裙,飘带长垂,衣袂飘飘,领口也开放了,因为魏晋人追求向往神仙生活,追求率性而为。唐朝奏出了中华文化的最强音,唐服华美、夸张不拘一格,唐朝美女著"大绣纱罗衫",帔帛锦绣,赏富贵牡丹,尽显雍容华贵。此影响一直延续至今,许多晚礼服在设计时要在肩上搭一块披肩,以显高贵典雅。

宋代提倡简约至极的审美观念,衣服简约而洁净,唐代的雍容已是明日黄花,宋女要文静、典雅,身材要苗条。明女继承着宋女的审美观，身着宋朝"比甲"的女子，身材修长，而身着水田衣的宋女典雅、贤淑。

清代，满人一开始着的旗装，宽腰大身，毫无窈窕可言，经一再改良，旗袍成了显示女性曲线之美的最理想装束。

(三) 后现代主义服装设计的时代精神特征

尽管丰富的服饰历史文化是后现代主义服饰设计灵感源泉，但成功的后现代主义服装设计作品是经设计师抽象思维之后，被赋予了时代精神内涵，是时代性而非历史性才是后现代服装设计作品成功的标志，后现代服装设计作品中时代性与历史性的这种关系正是后现代主义设计所走的历史折中主义路线。近年来，中国设计师服装系列设计用精湛的工艺结合后现代主义打破传统的戏剧化处理手法，沿着后现代设计语言的多维角度探寻了再设计的可能性，将中国传统文脉中宫廷贵族的恢宏大气体现得淋漓尽致，为后现代主义设计注入了亚洲文化的新鲜血液。

第二节 传统服饰文化对现代服装设计的影响

在当前竞争激烈的服装设计领域，中国设计师早已意识到将本民族的传统文化有效融入服装设计中的重要性。旗袍、汉服、中山装、盘扣、龙纹、京剧、金色……这些都是人们对中国传统服装元素的普遍认知，现代服装设计的创新是对具有民族风格特色的风情色彩运用到设计中，使其与现代服饰风格相结合，呈现出一种典雅不失时尚元素的服饰品牌，如何正确理解现代服装设计与传统文化的关系，值得所有服装设计从业人员深入研究。

一、传统美学思想的影响

中国传统服饰在美学上独有的特色，能够反映出华夏民族的审美观。在儒家道家的传统文化思想的影响下，传统服饰注重闲适、中庸的精神。传统的中式女装将人体密实地遮挡起来，使之充满了神秘感，而传统的中式男装则修长工整，增添了中和美感。

传统的美学是客观存在的,是历史的沉淀积累,对未来的设计具有深远影响。前辈们造就了昨日的传统美学,而现代人也一直在成就未来的传统美学。人类文明的发展史所铸造的一个个辉煌,全都离不开传统文化,传统美学深刻地影响着现代设计,即便由于时代变迁,有了更多的面料选择,工艺得到了提升,使人们在设计手法技艺上有了诸多新变化,不过总归传统和现代还是一脉相承的。

传统美学和现代服装艺术设计的关系就犹如鱼和水的关系,须臾不可离开。服饰文化有着悠久的历史,中国传统服装一脉相承,体现了东方的情怀与中国文化的丰富内涵,它们所散发出的那种穿越漫长岁月的独特气息使世人迷醉与向往。

历史悠久的中国传统服饰文化为人类文明史留下不朽的篇章,是人类服饰文化史上最有特色的东方文明的代表。不得不说,这是中国设计师的特有优势,倘若能加以整理和发掘,将传统文化运用到现代,推陈出新,并且配合现代的高科技,那么这种资源必将是取之不竭的。如果要创造世界级的服装品牌,那务必要牢牢掌握本土文化的核心,设计出独特的具有明显的传统文化内涵特点又兼顾时尚的国际风格。

总而言之,现代服装文化的发展进程越来越快,东方文化正在国际的舞台上大放异彩,而作为可以代表东方文化的中国民族文化,也备受关注,尤其是其中的民族服饰文化中的元素。

二、传统服装款式造型的影响

服装设计变化最基础的就是服装的款式,包括它的外部轮廓造型和具体的细节造型。服装的线条就是通过服装的外部轮廓造型塑造的,同时也能够直接影响服装款式的流行程度;服装的细节造型则包括它的领子造型、拉链、扣子等的设计。传统的服装多是平面直线的剪裁,由于要突出二维的效果,所以在装饰上主要以二维效果为主,着装强调平面装饰。在中国,有镶、盘、滚、嵌、绣等一些传统的装饰手段。虽然传统中式服装的造型较为简练,但通过运用这些装饰工艺,能够让传统服装在纹样上显得色彩斑斓、美轮美奂。

第八章　服饰创意与传统服饰文化的融合

中国传统服饰基本上在造型上是以平面结构、上下联属以及宽松为主。这样一来，各个相互缝合裁片的边缘形状就一样，几乎没有差别，故在对它们进行缝合的时候，互相重叠的裁片能够在同一个平面上存在，做完以上这些步骤，一件完整的衣服就做好了，做好的衣服在自然平摊时，也要保持二维平面。中国传统服装宽松平直、自成一体，只凸显精神气质而忽略人的具体形体，别具风格，具有飘逸、动态之美。它采用式样、色彩和装饰划分女装，这都与中国传统礼教所推崇的审美标准和情趣完全吻合。

以明代的服饰举例，其花边纹样、七分袖、层叠的图案装饰等都在现代服装的款式元素上有所运用。且明清服饰遗留下来的服装文化以及服饰元素也都被充分运用到了现代的服装设计中，不管是时代的款式还是普通平凡的款式，在许多款式上都可以看到这些传统元素的影子。

中国旗袍制作是典型的款式运用。旗袍是20世纪中国服装史上重要的一种款式。可以毫不夸张地说，脱胎于满族旗女之袍的旗袍是一个中国文化象征，人们称它为"中国国服"。一提起旗袍，人们都把它当作中国服饰文化的代表，它受到各国人士的一致称赞。

旗袍的典雅和贤淑的风情是其他服饰很难取代的。改良旗袍可以选用不同种类的材料，改良后的旗袍也因此可以呈现出不同的风格。旗袍代表着中华民族女子的形象，它端庄素雅、婀娜娟秀，体现了东方女子含蓄而雅致的神韵。旗袍的好处就在于它是上下一体，颜色和花纹一致，即使个子矮的人穿上后也会显得身形修长，中等身材穿上后更会显得亭亭玉立。而略微胖的女性在它的统一造型和色彩中更显丰满，身材瘦小的女性则可以在它的含蓄中流露出苗条和精干的感觉。

当时装界再度以中国式的一种神秘情节寻找灵感时，旗袍首当其冲成为中国风的主要元素。除了彰显其古典的东方韵味之外，其造型变化也更符合现代的审美观念和生活方式的需要。

由上所述，传统服饰的款式主要以大度、自由随意以及与大自然和谐呼应为主要风格。诸如此类风格，可以广泛大量地运用到现代服装设计之中。并且中国传统服饰的形式也多，如曳地的长裙、广袖拂风的汉袍、轻薄袒露的唐代罗衫长裙等。在设计现代服装时，设计师应该综合考虑以现代和传统的眼光对中国传统服饰元素进行审视，对现代服饰的形式特点以及具体细节进行分析，也可以将中国传统服饰的造型元素拆开，重新进行整合，再注入时尚的气息设计出符合现代审美观点的服装。

三、传统服装色彩的影响

中国传统服饰的色彩有着很浓厚的中国风格，传统服饰色彩主要以"青、红、黑、白、黄"为正色，这主要是受到阴阳五行的影响，这些颜色多为朝廷冠服制作所用。这就是所谓的中国的彩调文化现象。所谓彩调，更多体现的是装饰画面的和谐性。大多数的服装设计师在设计具有东方风情的服饰的时候，总是选择"中国红"，因为红是最富有东方气息的。服装中最醒目的部分当属服装的色彩变化了，而服装的色彩也是最能体现穿着者的心情状态的，热情似火的红，沉静安逸的蓝，圣洁如雪的白，爽朗明媚的黄，平实低调的灰，坚硬果敢的黑等，不同的服装色彩给人以不同的感觉，让人们产生多彩多样的联想。

在服装颜色方面，中国传统文化一向是用深色表示贵重，其次才是浅色，所以深颜色的织锦图纹常常被用到较为正式的礼服上，即采用一种颜色当作主体色调，再配上艳丽华贵的刺绣。而像普通的平民还有居家的常服则多采用淡色。在明代，官职的高低往往决定了着装的色彩。色彩运用的越少的着装，就代表他的官职越低。在一些具有复古元素的服装设计中，很大一部分都借鉴了明代服装中的吉祥色。比如婚庆礼服，在色彩上大量运用红色能够体现出吉祥的气氛。而浅色则被较多地运用到了一般礼服的设计上，这一点可以说是较多地借鉴了明代初年用偏向浅淡的色彩着重表现服装的高贵和典雅。古时候，人们还喜欢用不同颜色来象征不同季节，例如用青色表示春天，用红色表示夏天，用白色表示秋天，用黑色表示冬天等，同时也用到了色彩对比以及明暗对比等。红色是在中国发源的，它作为色彩中极为重要的一环，在中国民俗文化里有着喜庆、吉祥的寓意，不仅是在过去，当今的人们也依然用红色象征喜气。翠绿同红色一样,也是中国色的代表,不过设计师们似乎更青睐于中国红。由此可见,传统的服饰色彩对于现代服装设计中那些复古风格设计的服装在用色上影响是很大的。

四、传统面料的影响

服装面料对于服装的影响也颇为重要,服装的服用性能以及穿着的舒适度都与它息息相关。面料的厚与薄、软与硬、滑与涩以及面料是否清透、有光泽、是否悬垂、有无厚重感、有无弹力等都会直接影响到服装的穿着感。对于服装而言,面料质地柔软、垂坠、舒适是首要的。

一件衣服的首要物质基础就是面料了。面料对于服装来说至关重要,因为服装的风格与款式都取决于它。在明代,主要的面料采用绫罗绸缎这一类,现代的服装面料在此基础上进行了改良,采用了明代面料的柔软,丝绸织物的弹性,从而制造出更加适合现代服装需求且质地更舒适的面料。

近年来,纺织技术也得到了极大的发展,各式各样的新型面料的产生也扩大了现代服装设计发挥的空间,各种面料的服用性能也都有了大幅提升,不过传统面料带给人们那特有的感觉依然不可取代。像丝绸、绫缎、锦缎、麻和蓝印花布等这些传统的面料,在现代服装设计中仍然有着举足轻重的地位,它们一方面代表了中国的特色与传统的民族风情,另一方面又为现代服装设计带来特有的文化底蕴。设计师们所要做的就是根据不同面料的特点,设计出与此面料相对应的风格。以丝绸为例,它的柔软、飘逸、细腻,正如女性温婉的性格一样,用它制作女装可以很好地将女性的情感特征展示出来。这几年丝绸也获得了国际上的认可,许多国际大牌的服装设计大师将丝绸面料运用到他们设计出的服装上并大获成功就是最好的证明。所以面料设计者们为了使传统文化得到更好地发扬与继承,将一些传统的面料加以改革创新,比如将传统的丝绸面料和新型的化纤材料进行了混纺,使它更为结实耐用,且能够经久不衰。同时,利用新的技术也让麻纺织品的质地、种类、层次上升了一个高度,麻面料得到了更大力度的开发。如今,一些麻面料质地的产品可以做到质地非常轻薄、柔软，配以各式各样的肌理，能满足人们在审美上或细腻或粗犷的需求。

五、传统图案的影响

传统图案在中式服装上的应用充分体现了中国服饰文化的魅力。在现代设计中人们能看到许多传统图案，如彩陶纹样、明清花卉纹样、传统团花纹样、文字图案等，这些图案的运用让博大精深的传统文化成为设计创意的主题，凝结了中华民族的服饰文化神韵。

现代服饰图案既传承了传统图案，又对传统图案进行了创新。中华民族在传统服饰文化上书写下浓墨重彩的一页，也给传统手工艺留下了极为宝贵的遗产。传统图案的绘制与制作是离不开传统手工艺的，我国传统手工艺主要包括蜡染、扎染、手工绘染、刺绣、盘花纽扣等。

传统服饰包含许许多多的元素，其中传统服饰纹样图案占据了重要的一部分，通过借鉴与提炼这些纹样，可以作为现代服装设计中图案的灵感来源。其实自然界的事物自身并没有它的意识，其象征意义是在一定时期里人们用意识观念赋予它们的，因而纹样的使用能传递出喜庆、祝福的含义。

极具中国特色的吉祥图案可谓是"图必有意，意必吉祥"。提起传统的吉祥图案，数不胜数。其中有托物寓意的，比如松竹梅象征着清高正直，鸳鸯象征着夫妻恩爱，石榴代表多子，松鹤代表长寿，牡丹则象征着富贵荣华。通过探索民族图案中所包含的文化资源，现代服装设计师们将民间艺术发扬光大，吸取优质元素，再进行重组、提取并最终运用到现代的服装设计中。

传统服饰纹样千姿百态，反映出了中华民族对美的想象和人文精神。在这几年又流行开来的复古风潮无疑让服装设计师们再度开始运用传统服饰元素。比如在细节上，立领、门襟、盘扣等一些中式服装中特有的元素，运用起来是很有代表性的，可以使人立刻感受到中国传统服饰的精髓。在现代的服装设计里，大的团花设计和描绘花样、文绣设计都有着传统服饰的影子，在服装的图案设计上，多以文绣花样、印花图案为主，再配以多种多样的盘扣设计，且色彩丰富。团花主要应用在前襟、后背、衣领，装饰性很强，文绣主要在衣领的领口上，袖口上，小的装饰文秀使服装更显灵绣素净。描绘花样主要用在大的裙摆上，体现出中国化的韵味。传统服装图案纹样无论是在裤子还是裙子上都有大量的应用。例如现代时尚的代表服装——牛仔装上就有大量印花图案的应用，既有装饰的作用，又可以表现设计者的设计元素及设计目的，让现代服装更趋于完美。

中国传统服饰文化的精髓除了图案纹样还有传统的装饰，这些装饰有着独具一格的造型，可以将它们大范围地运用到现代服装设计中去，包括人物的、动物的、植物的，还有像一些符号、几何纹样等。在现代的服装设计中，恰当合理地使用配饰会使服装的整体风格更为明确。明代的服装配饰可谓繁杂多样，主要是由翡翠、珍珠、珊瑚、玛瑙、金、银、玉器等组成。明清时期大量运用头饰、首饰以及服装饰品，由于配饰运用繁多，因此体现出明清服装的高贵华丽，从而也直接影响了现代服装的设计和穿着，使配饰对服装风格及服装整体印象的体现更突出重要性。几千年以来，传统民族文化一直推崇祥和、喜庆、安稳、融洽，通过观察传统服饰图案也可以体会到这一点。中国传统服饰图案大多是饱满完整的，以积极向上、顽强不息的情感作为主线，并用图案的造型将我们的民族、历史、审美文化加以体现，这是一种至今都在运用的设计理念。

现代设计中，很多设计师都喜欢将传统纹样运用到他们的设计中以寄托理想和希望。当然，还可以为这些传统纹样增添一些时尚的元素，在装饰手法和造型工艺上略微调整，就能让这些纹样运用到日常服装当中，甚至是晚礼服当中，使其能够与时代潮流完美融合。

参考文献

[1]杜巍,吕艳春,王艳,等.职业礼仪与形象设计[M].北京:北京理工大学出版社,2019.

[2]吴小兵.服装色彩设计与表现[M].上海:东华大学出版社,2018.

[3]徐莉.化妆形象设计[M].北京:中国纺织出版社,2019.

[4]武云超.色彩语言与设计应用[M].北京:中国电影出版社,2018.

[5]王然.传统文化在人物形象设计上的运用[M].长春:吉林美术出版社,2019.

[6]许阳.形象设计美学及表现技法探索[M].北京:北京工业大学出版社,2021.

[7]宁芳国.服装色彩搭配[M].北京:中国纺织出版社,2018.

[8]肖宇强,范丽.形象设计与创意[M].南京:东南大学出版社,2018.

[9]周硕珣,彭西银.形象造型设计[M].北京:北京理工大学出版社,2018.

[10]李晓妍,刘慧,孟会芳.化妆技巧与形象设计[M].北京:航空工业出版社,2017.

[11]顾筱君.时尚形象设计导论[M].北京:中国传媒大学出版社,2017.

[12]薛生辉.形象设计与品牌塑造[M].合肥:中国科学技术大学出版社,2017.

[13]敖芳,王娜.主持人化妆与形象设计[M].武汉:华中科技大学出版社,2017.

[14]陈燕声,孙媛媛.形象设计概论[M].广州:华南理工大学出版社,2017.

[15]刘国联,蒋孝锋,顾韵芬,等.服装心理学(第二版)[M].上海:东华大学出版社,2018.

[16]李莉婷.服装色彩设计(第3版)[M].北京:中国纺织出版社,2021.

[17]郭廉夫,郭渊.中国色彩简史[M].重庆:重庆大学出版社,2021.

[18]赵亚杰.服装色彩与图案设计(第2版)[M].北京:中国纺织出版社,2020.

[19]刘翔,朱耀璞,李文娟,等.设计色彩[M].石家庄:河北美术出版社,2020.

[20]郑钢.设计色彩基础[M].沈阳:辽宁美术出版社,2020.

[21]刘周海.服装专题设计[M].北京:中国纺织出版社,2020.

[22]万明.纺织服装概论[M].北京:中国纺织出版社,2020.

[23]王荣,董怀光.服装设计表现技法[M].北京:中国纺织出版社,2020.

[24]唐金萍.服装服饰创意设计研究[M].长春:吉林美术出版社,2020.

[25]卢博佳.传承与创作传承服饰文化对现代服装设计的影响[M].昆明:云南美术出版社,2020.

[26]陈彬.服装色彩设计[M].沈阳:辽宁美术出版社,2019.

[27]肖勇,傅祎,刘红,等.服装色彩设计[M].北京:北京理工大学出版社,2019.

[28]徐慧明.服装色彩设计[M].北京:中国纺织出版社,2019.

[29]赵炜璐.形象设计与服装色彩搭配艺术[M].长春:吉林美术出版社,2019.

[30]梁文思,梁文峻.设计色彩与构成[M].武汉:中国地质大学出版社,2019.